Nacera LEKHAL

A utilidade dos sistemas energéticos autónomos

Nacera LEKHAL

A utilidade dos sistemas energéticos autónomos

Energlas renováveis

ScienciaScripts

Imprint

Any brand names and product names mentioned in this book are subject to trademark, brand or patent protection and are trademarks or registered trademarks of their respective holders. The use of brand names, product names, common names, trade names, product descriptions etc. even without a particular marking in this work is in no way to be construed to mean that such names may be regarded as unrestricted in respect of trademark and brand protection legislation and could thus be used by anyone.

Cover image: www.ingimage.com

This book is a translation from the original published under ISBN 978-620-6-70481-2.

Publisher:
Sciencia Scripts
is a trademark of
Dodo Books Indian Ocean Ltd. and OmniScriptum S.R.L publishing group

120 High Road, East Finchley, London, N2 9ED, United Kingdom
Str. Armeneasca 28/1, office 1, Chisinau MD-2012, Republic of Moldova, Europe
Printed at: see last page
ISBN: 978-620-7-85974-0

Conteúdo

Prefácio

As alterações climáticas são um dos maiores desafios do nosso tempo. No entanto, é igualmente importante garantir o acesso à energia, a fim de promover a qualidade de vida e o desenvolvimento económico. Por conseguinte, é essencial abordar esta questão como parte da agenda do desenvolvimento sustentável. Os actuais progressos no desenvolvimento de novas tecnologias têm dado confiança e esperança de que os objectivos energéticos serão atingidos. As reduções drásticas dos custos e os avanços tecnológicos nas turbinas eólicas e na energia solar fotovoltaica mostraram que os recursos energéticos renováveis podem desempenhar um papel importante nos sistemas eléctricos mundiais e que os avanços há muito esperados nas tecnologias de armazenamento estão destinados a alterar significativamente o cabaz energético. [2]

Estes desenvolvimentos conduziram ao pressuposto de que os combustíveis fósseis estavam "acabados" no sistema energético, que já não havia necessidade de desenvolver novos recursos e que devíamos deixar de os utilizar o mais rapidamente possível. Este pressuposto também deu a impressão de que existiam "boas" tecnologias, baseadas em energias renováveis, por um lado, e "más" tecnologias, baseadas em combustíveis fósseis, por outro. De facto, este debate é muito mais matizado e requer uma análise aprofundada. As técnicas de captura e armazenamento de carbono (CAC) e a gestão das emissões de metano ao longo da cadeia de valor dos combustíveis fósseis podem permitir alcançar os ambiciosos objectivos de redução das emissões de CO_2 enquanto os combustíveis fósseis continuarem a fazer parte do sistema energético. Desta forma, os combustíveis fósseis tornar-se-iam "parte da solução" e não "parte do problema". Todas as tecnologias têm um papel a desempenhar num sistema energético impulsionado pela procura de poupanças. [2]

Atualmente, 74% da energia mundial é produzida a partir de combustíveis fósseis (petróleo, carvão e gás), 20% a partir de energias renováveis (hídrica, biomassa, solar, eólica) e 6% a partir da energia nuclear. Numerosos estudos sobre o esgotamento dos recursos fósseis convergem para o seguinte resultado: a quantidade de energia fóssil disponível diminuirá entre 2010 e 2020 e esgotar-se-á antes do final deste século. O nosso futuro energético deve basear-se nas energias nucleares e renováveis.

A atual produção de energia nuclear oferece uma densidade de potência muito elevada e vantagens ambientais em termos de emissões de CO2. No entanto, esta forma de energia apresenta vários inconvenientes, nomeadamente a dificuldade de reprocessamento dos resíduos e dos edifícios, o seu impacto no ambiente, os problemas de segurança e o facto de o seu combustível não ser renovável (o esgotamento do urânio 235 está estimado para o final do século). Apesar da investigação aprofundada para resolver o problema dos resíduos e para desenvolver novas gerações de reactores rápidos com maiores reservas de combustível, o nível médio de segurança e as consequências humanas e ecológicas de um acidente nuclear continuam a ser os principais inconvenientes desta tecnologia. Embora seja difícil imaginar a eliminação desta solução energética, é preferível limitá-la ao seu nível mais baixo de necessidade. [1]

Por outras palavras, se as tendências actuais se mantiverem, se a atual percentagem de combustíveis fósseis se mantiver inalterada e se a procura de energia duplicar até 2050, as emissões excederão em muito a quantidade de carbono que pode ser emitida se quisermos limitar o aumento das temperaturas médias a 2°C. Este nível de emissões terá consequências desastrosas para o clima do planeta. Temos a oportunidade de reduzir as emissões no sector da energia, em especial através da redução do consumo de energia, bem como da intensidade líquida de carbono do sector energético, mudando os combustíveis e controlando as emissões de CO2. [2]

Reduzir as emissões não significa excluir a utilização de combustíveis fósseis, mas é imperativa uma mudança significativa; o statu quo não as reduzirá. A eficiência energética e as energias renováveis são frequentemente vistas como as únicas soluções necessárias para atingir os objectivos climáticos no sistema energético, mas não são suficientes. O aumento da utilização das técnicas de CSS será essencial, o que deverá permitir uma redução anual de 16% até 2050. Esta afirmação baseia-se no Quinto Relatório de Avaliação do Painel Intergovernamental sobre as Alterações Climáticas, que estima que a limitação das emissões do sector energético sem técnicas de SFA aumentaria em 138% os custos da atenuação dos efeitos das alterações climáticas[2]. [2]

As energias renováveis não podem ser utilizadas uniformemente no sistema energético para substituir a utilização de combustíveis fósseis, em especial devido a diferenças na capacidade dos subsectores energéticos para passar dos combustíveis fósseis para as energias renováveis. Por exemplo, em algumas aplicações industriais, como a produção de cimento e aço, as emissões provêm tanto da utilização de energia como dos processos de produção. Como ainda não estão disponíveis, num futuro previsível, tecnologias alternativas susceptíveis de substituir as actuais técnicas de produção, é provável que estas técnicas continuem a ser utilizadas a curto e médio prazo. Em alguns casos, as técnicas de CSS podem fornecer uma solução compatível com a procura atual e dar o tempo necessário para desenvolver outras soluções. [2]

Existem muitos locais isolados no mundo alimentados por sistemas autónomos de produção de eletricidade. Estes geradores utilizam fontes renováveis locais. Incluem painéis fotovoltaicos, turbinas eólicas e microturbinas. A eletricidade produzida a partir de fontes renováveis é intermitente e depende das condições climáticas. Estes geradores renováveis são acoplados a um sistema de armazenamento para assegurar a disponibilidade contínua de energia. [1]

O desenvolvimento das tecnologias do hidrogénio foi muito significativo nos últimos dez anos. Os progressos realizados permitem esperar que o desempenho do "sistema de armazenamento de hidrogénio", uma unidade de armazenamento de gás e uma célula de combustível, seja excelente. No entanto, o desempenho do sistema de armazenamento de hidrogénio não foi revisto. Além disso, a utilização quotidiana deste sistema de armazenamento para aumentar a produção de calor nunca foi discutida. [1]

O desenvolvimento de redes energéticas integradas, com regimes de funcionamento comuns, constitui uma excelente oportunidade para reforçar as ligações entre tecnologias, incentivando a penetração de tecnologias menos intensivas em carbono e economicamente eficientes. Quer queiramos quer não, os combustíveis fósseis farão parte do sistema energético durante as próximas décadas e continuarão a estar na base do desenvolvimento social e económico em todo o mundo. [2]

Pedagogia do capítulo

Cada capítulo começa com uma introdução de uma página que inclui uma lista das secções.

Cada secção do capítulo começa com uma breve introdução ao tema.

Vários exemplos ajudam a clarificar e a ilustrar conceitos ou procedimentos específicos.

No final de cada capítulo, um resumo. No final do livro.

No primeiro capítulo, descrevemos todos os dispositivos utilizados para produzir energia eléctrica, os conceitos de transformação de energia e as fontes de energia não renováveis (fósseis e nucleares). As fontes de energia renováveis.

No segundo capítulo, abordaremos a energia eólica, a sua história, princípio e estrutura, características e dimensionamento, mapa da energia eólica na Argélia, parques eólicos e potência, normas, vantagens e desvantagens. Exemplo de um parque eólico.

No terceiro capítulo, apresentaremos os Sistemas Híbridos (Hydrolienne, Principe de fonctionnement de l'hydrolienne, Les différents types d'hydroliennes et les exploitants,...).

No quarto capítulo, abordamos a energia solar fotovoltaica, o princípio de uma instalação fotovoltaica, os recursos solares na Argélia, as tecnologias das células fotovoltaicas, os módulos fotovoltaicos, o MPPT, as características e os conectores fotovoltaicos, as normas. O inversor (papel, princípio, características e eficiência). Exemplo de uma instalação fotovoltaica.

Finalmente, no quinto capítulo, abordamos outras fontes de energia renovável, as famílias de energias renováveis (energia solar, energia eólica, energia hidráulica, biomassa, energia geotérmica). Os diferentes tipos de energias renováveis no mundo. A rentabilidade.

Este livro destina-se ao curso de **Eletrónica**, cujo objetivo é: despertar o interesse do aluno pelas energias renováveis em geral e pelos sistemas energéticos que utilizam a energia solar ou eólica em particular. Permitir que o aluno adquira um grau de competência no dimensionamento de uma instalação eólica ou fotovoltaica.

Tentámos basear-nos em várias obras de base, tal como mencionado na página de referência.

CAPÍTULO 1

Sistemas de produção de energia eléctrica

As energias transformadas (energia solar, energia eólica, energia geotérmica), por oposição às energias naturais (novas ou renováveis), são criadas por uma ou várias transformações a partir de uma fonte de energia natural.

Apresentação geral do capítulo: Equipamento de produção de energia eléctrica

1.1 Noções sobre as transformações de energia

1.2 métodos de produção de energia eléctrica

1.3 Fontes de energia não renováveis

1.4 Fontes de energia renováveis.

1.1 Noções sobre transformações de energia [3]

Quando queremos utilizar a energia, não o podemos fazer na sua forma primária. Casos especiais: secagem e aquecimento solar. A transformação requer a utilização de processos e tecnologias mais ou menos sofisticados.

Um simples fósforo para queimar lenha

Uma central térmica para produzir eletricidade

Um motor para produzir energia mecânica ...

1.2 Utilização final de energia [3]

As utilizações finais da energia são :

Energia térmica

Quanto mais elevada for a temperatura necessária, mais complexos serão o processo de transformação e a tecnologia, e mais elevado será o preço.

Baixa temperatura (30 a 120°C): água quente sanitária, aquecimento ambiente, máquinas de absorção, etc.

Temperatura média (100 a 500°C): secagem, cozedura, esterilização, destilação,

Alta temperatura (500 a 1800°C): Vidraria, cimenteiras, metalurgia, tratamentos químicos,

Energia luminosa

É obtida a partir do calor. Quanto mais elevado for o nível de iluminação, mais complexos e dispendiosos serão o processo e a tecnologia.

Energia mecânica

No sector dos transportes, quanto maior for a velocidade necessária, mais complexos e dispendiosos são os processos e a tecnologia e maior é o consumo de energia.

Os motores térmicos (automóveis, ciclomotores, motociclos, autocarros, comboios, aviões, barcos, tractores, motores a vapor, motores de combustão interna (diesel, combustão interna), turbinas, ...) são utilizados na produção de eletricidade.

Motores eléctricos (automóveis, eléctricos, comboios, aparelhos eléctricos, automação, indústria, etc.)

Energia da informação

Atualmente, está a expandir-se rapidamente.

É geralmente obtido a partir da eletricidade utilizando diferentes tecnologias: Televisão, fax, telefone e telecomunicações, computadores.

1.3 Classificação energética

As fontes de energia são principalmente de origem fóssil (petróleo, gás, carvão, etc.). A energia química bloqueada pode ser libertada por reação de oxidação (combustão). A energia limpa disponível (térmica, eléctrica, cinética) é insignificante.

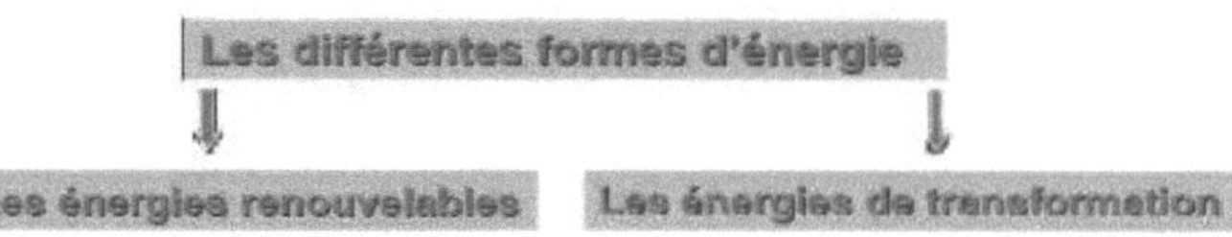

Figura 1.1: classificação energética

Energia para a transformação

As três energias básicas são
- Térmica
- Elétrico
- Mecânica

1.2 Métodos de produção de eletricidade [3]

As conversões de energia podem ocorrer em sucessão, com uma acumulação de perdas de energia.

O exemplo mais significativo e clássico é o da produção de energia eléctrica de alta potência (centrais térmicas ou nucleares).

O ciclo termodinâmico inclui os seguintes elementos:
- Caldeira (energia térmica)
- Turbina (potência mecânica)
- Condensador

A turbina acciona um alternador que produz energia eléctrica que, após distribuição, pode ser utilizada para produzir energia mecânica (ventilador) ou energia térmica (aquecimento).

A cadeia de energia é apresentada na Figura (1.2, 1.3):

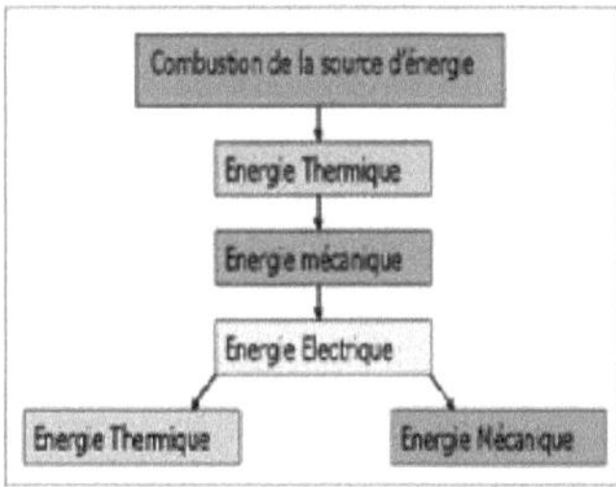

Figura 1.2: A cadeia energética

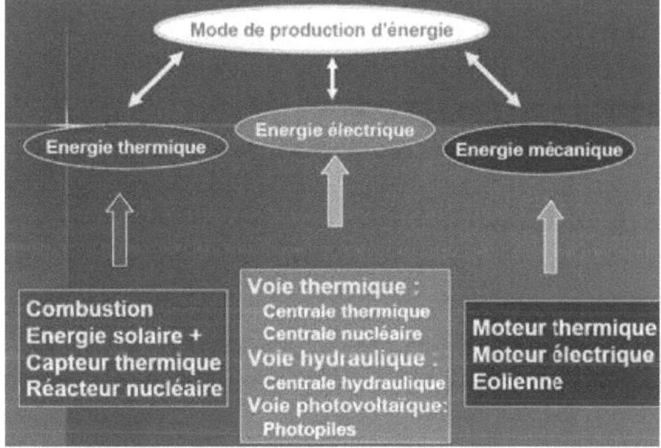

Figura 1.3: Método de produção de energia

1.3 Fontes de energia não renováveis

1. Combustíveis fósseis

Os combustíveis fósseis (petróleo, gás natural e carvão) são a matéria-prima da indústria química e a fonte de energia mais utilizada no mundo: fornecem mais de 80% da energia utilizada, muito à frente da energia nuclear e de outras formas de energia (hidráulica, eólica, solar, etc.). As necessidades energéticas mundiais aumentaram consideravelmente ao longo do século XX e o desenvolvimento dos países emergentes, como a China, faz prever um aumento ainda mais rápido nas próximas décadas. A Agência Internacional da Energia prevê que a procura nos próximos vinte e cinco anos exigirá uma produção equivalente à de cento e cinquenta anos de exploração de combustíveis fósscis. Mas os recursos não são inesgotáveis: estes produtos são formados por uma sucessão de mecanismos biológicos e geológicos que demoram milhões de anos a completar-se, pelo que estes recursos não são rcnováveis numa escala temporal humana. [2]

Benefícios [3]

- Utilização prática

- Libertação rápida de energia
- Grande disponibilidade
- Tecnologia de armazenamento dominada
- Diversificação das aplicações

Desvantagens [3]
- Reservas limitadas
- Poluição atmosférica :
- CO2 e CH4: efeito de estufa
- Os desequilíbrios de HC, CO e CH4 geram ozono à superfície da Terra e causam problemas respiratórios.
- O enxofre contido nos combustíveis é responsável pela corrosão das instalações térmicas e pelas chuvas ácidas.

Os aditivos de gasolina à base de chumbo têm efeitos nocivos no sistema nervoso.

2. Combustíveis nucleares [5]

O combustível nuclear é o produto que, contendo materiais cindíveis (urânio, plutónio, etc.), fornece energia ao núcleo de um reator nuclear, sustentando a reação nuclear de cisão em cadeia.

Os termos **combustível** e **combustão** são totalmente inadequados para caraterizar tanto o produto como a sua ação. Com efeito, a combustão é uma reação química de oxidação-redução (troca de electrões), enquanto a "combustão" de materiais radioactivos provém de reacções nucleares (cisão de núcleos atómicos). Estes termos são utilizados por analogia com o calor libertado por um material em combustão.

Os materiais cindíveis são utilizados para a propulsão nuclear de navios de guerra (nomeadamente porta-aviões) e de submarinos nucleares, bem como como combustível em centrais nucleares: um reator de água pressurizada de 1300 MWe contém cerca de 100 toneladas de combustível, que é substituído periodicamente.

O combustível UOX (óxido de urânio) é constituído por pastilhas de dióxido de urânio (UO_2). Estas pastilhas são empilhadas em tubos de liga de zircónio. Estes tubos, que têm cerca de 4 metros de comprimento, são também conhecidos como revestimento. O conjunto das pastilhas forma uma barra. As barras são seladas em ambas as extremidades e pressurizadas com hélio.

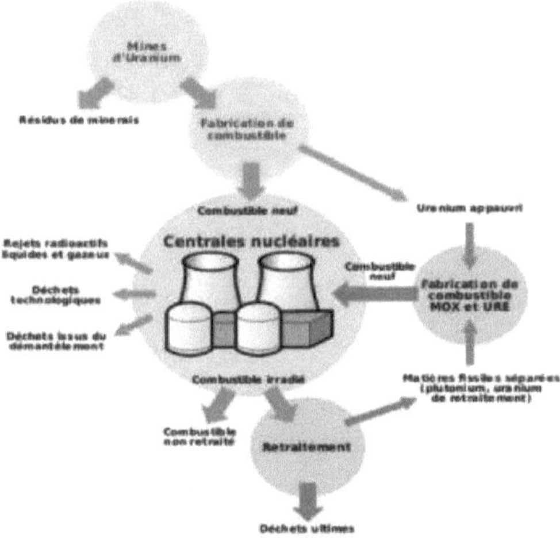

Figura 1.4: Combustíveis nucleares

Benefícios [3]
- Descentralização: as centrais nucleares podem ser instaladas onde se quiser, independentemente das jazidas ou de outros factores.
- Bom rendimento: o urânio natural produz 116 000 kWh/kg de energia

Desvantagens [3]
- Exigir a disponibilidade e o domínio de tecnologias de ponta
- Os problemas dos resíduos nucleares ainda não foram seriamente resolvidos (contaminação perigosa para os seres humanos).
- A sua utilização é ainda limitada e é necessário fazer mais.
- O urânio utilizado nas reacções de fissão nuclear é esgotável.
- Um aspeto temível das armas nucleares.

1.4 Fontes de energia renováveis.

As energias renováveis são fontes de energia que se renovam naturalmente com rapidez suficiente para serem consideradas inesgotáveis numa escala temporal humana. Provêm de fenómenos naturais cíclicos ou constantes induzidos pelos astros: o Sol, principalmente pelo calor e pela luz que gera, mas também a atração da Lua (mares) e o calor gerado pela Terra (energia geotérmica). O seu carácter renovável depende, por um lado, do ritmo de consumo da fonte e, por outro, do ritmo da sua renovação. [4]

A expressão "energias renováveis" é a forma abreviada e usual das expressões "fontes de energia renováveis" ou "energias de origem renovável", que são mais correctas do ponto de vista físico. ponto de vista físico. [4]

A quota das energias renováveis no consumo final de energia a nível mundial foi estimada em 17,9% em 2018, dos quais 6,9% de biomassa tradicional (madeira, resíduos agrícolas, etc.) e 11,0% de energias renováveis "modernas".) e 11,0% de energias renováveis "modernas": 4,3% de calor produzido por energias renováveis térmicas (biomassa, geotérmica, solar), 3,6% de hidroeletricidade, 2,1% de outras energias renováveis eléctricas (eólica, solar, geotérmica, biomassa, biogás) e 1% de biocombustíveis; a sua quota-parte na produção de eletricidade foi estimada em 26,4% em 2018. [4]

Benefícios [3]

- Numa escala temporal humana, o sol, a energia geotérmica e o vento são fontes inesgotáveis de energia.
- As novas energias são limpas e estão bem distribuídas por todo o mundo.

Desvantagens [3]

- A sua utilização é ainda limitada e é necessário fazer mais progressos.

A fim de preservar os recursos de combustíveis fósseis e reduzir as emissões poluentes, a utilização destes combustíveis deve ser racionalizada através de

- Controlo e otimização das instalações de combustão - Conseguir a combustão mais completa possível.
- Reduzir o consumo

Do ponto de vista energético, as energias renováveis, por exemplo, deveriam permitir-nos satisfazer em grande medida as nossas necessidades e oferecer o nível de conforto dos países mais avançados a toda a população mundial.

Devem estar reunidas duas condições:

- Otimização do consumo (minimização dos resíduos e melhoria da eficiência da conversão)
- Produção de energia "limpa".

Caracterização energética [3]

Existem dois factores quantitativos que podem ser utilizados para fazer escolhas energéticas:

- Eficiência teórica da produção de energia,
- Custos reais de produção.

Eficiência teórica da produção de energia [3]

Qualquer que seja o processo de produção de energia, a eficiência teórica é expressa pelo rácio :

$$R = \frac{énergie\ produite}{énergie\ utilisée} \tag{1.1}$$

energia produzida
energia utilizada

Custos reais de produção [3].

O custo real da energia antes da sua distribuição deve ter em conta 3 parâmetros:

- o custo do combustível (nulo para um sistema solar ou hidráulico)
- amortização das instalações de produção de energia.

- custos de funcionamento e de manutenção.

Nota: Podemos sempre definir o custo parcial, que tem em conta a eficiência teórica e o custo do combustível.

O custo real da energia ao nível da utilização envolve não só o custo real de produção acima definido, mas também o custo de distribuição, que depende do estado da rede, e o custo de utilização, que depende do estado dos aparelhos que utilizam a energia.

Conclusão [3]

Em muitos processos industriais que envolvem a produção ou recuperação de energia, temos de considerar a transferência de calor.

A forma mais comum de produzir energia térmica é através da combustão, razão pela qual é tão importante não só estudar a transferência de calor, mas também descrever os fenómenos de combustão e lidar com os problemas dos permutadores de calor.

CAPÍTULO 2

Energia eólica

Uma turbina eólica é um dispositivo que converte parte da energia cinética do vento em energia mecânica disponível num eixo de transmissão e depois em energia eléctrica através de um gerador.

Resumo do capítulo: Energia eólica

2.1 História

2.2 Princípio e estrutura

2.3 Características e dimensões

2.4 Mapa do potencial de energia eólica na Argélia

2.5 Parques eólicos e energia

2.6 Normas

2.7 Vantagens e desvantagens

2.8 Exemplo de um parque eólico

2.1 História [6]

Até ao século XIX, a energia eólica era utilizada para fornecer trabalho mecânico.

A utilização mais antiga da energia eólica é a navegação à vela: existem provas que sugerem que era utilizada no Mar EgeeEgeu já no 11.º milénio a.C. (ver Navegação na Antiguidade). A Oceânia foi provavelmente colonizada pela navegação, para longas travessias de centenas ou milhares de quilómetros em mar aberto.

Por volta de 1600, a Europa dispunha de 600 000 a 700 000 toneladas de navios mercantes; segundo uma estatística francesa mais precisa, de cerca de 1786-87, a frota europeia atingia 3,4 milhões de toneladas; o seu volume quintuplicou, portanto, em dois séculos. A potência eólica utilizada para impulsionar estes navios pode ser estimada entre 150 000 e 230 000 CV, sem ter em conta as frotas de guerra.

A outra principal utilização desta energia era o moinho de vento utilizado pelo moleiro para transformar os cereais em farine farinha ou para esmagar azeitonas para extrair o azeite; havia também muitos moinhos de vento utilizados para drenar os polders na Holanda. Holanda. O moinho de vento apareceu pela primeira vez no território do atual Afeganistão; era utilizado na Pérsia para irrigação desde o ano 600. Segundo o historiador Fernand Braudel, "O moinho de vento surgiu muito mais tarde do que a roda de água. Ontem, pensava-se que era originário da China; mais provavelmente, veio das terras altas do Irão ou do Tibete. No Irão, os moinhos de vento já funcionavam, provavelmente, no século VII d.C. e, provavelmente, no século IX", movidos por velas verticais montadas numa roda que se movia horizontalmente (...) Os muçulmanos terão difundido estes moinhos de vento na China e no Mediterrâneo. Tarragona, no extremo norte da Espanha muçulmana, teria tido moinhos de vento desde o século X.

Fernand Braudel descreve a introdução progressiva de moinhos de água e de vento, entre os séculos XI e XIII, como a "primeira revolução mecânica": "estes 'motores primários' são, sem dúvida, de potência modesta, de 2 a 5 HP para uma roda de água, por vezes 5, no máximo 10 para as asas de um moinho de vento. Mas, numa economia com uma oferta de energia reduzida, representam um aumento considerável de potência. O antigo moinho de água é muito mais importante do que a turbina eólica. Não depende das irregularidades do vento, mas da água, que é, em geral, menos caprichosa. Está mais difundido, devido à sua idade e à multiplicidade dos rios...". "A grande aventura no Ocidente, ao contrário do que aconteceu na China, onde o moinho girou horizontalmente durante séculos, foi a transformação do moinho de vento numa roda vertical, como aconteceu com os moinhos de água. Os engenheiros dizem que a modificação foi brilhante e que a potência aumentou muito. Foi este novo tipo de moinho que se difundiu em Chretien. Os estatutos de Arles registam a sua presença no século XII. Ao mesmo tempo, era utilizado em Inglaterra e na Flandres. No século XIII, toda a França o acolheu. No século XIV, estava na Polónia e já na Moscóvia, porque a Alemanha já lha tinha transmitido".

O moinho de vento, cuja manutenção é mais dispendiosa do que a do moinho de água, é mais caro para a mesma quantidade de trabalho, nomeadamente para a moagem. Mas tinha outras utilizações: o papel principal dos *Wipmolen* nos Países Baixos, a partir do século XV e ainda mais depois de 1600, consistia em acionar correntes de baldes que extraíam água do solo e a descarregavam em canais. Foram, assim, um dos instrumentos utilizados na recuperação paciente do solo nos Países Baixos. A outra razão para a existência de moinhos de vento na Holanda é a sua localização no centro da grande faixa de ventos ocidentais permanentes, do Atlântico ao Báltico.

No final do século XVIII, em vésperas da revolução industrial, quase todas as necessidades energéticas da humanidade eram satisfeitas por energias renováveis e a energia eólica desempenhava um papel importante no balanço energético, satisfazendo a maior parte das necessidades dos transportes internacionais (navegação à vela) e parte dos transportes nacionais (navegação costeira e fluvial), bem como as necessidades da indústria alimentar (moinhos de vento). Fernand Braudel, numa tentativa de estimar a repartição do consumo por fonte de energia, estima em pouco mais de 1% a parte da navegação à vela, contra mais de 50% da tração animal, cerca de 25% da madeira e 10-15% dos moinhos de água, recusando-se a quantificar a parte dos moinhos de vento, por falta de dados, mas afirmando que "os moinhos de vento, menos numerosos do que as rodas de água, só podem representar um quarto ou um terço da potência das águas disciplinadas". Podemos, portanto, estimar a quota-parte total da energia eólica (vela + moinhos de vento) entre 3 e 5%.

O advento do motor a vapor, seguido do motor diesel, conduziu ao declínio da energia eólica no século XIX; os moinhos de vento desapareceram, substituídos por moinhos de farinha industriais. Em meados do século XX, a energia eólica só era utilizada para a navegação de recreio e a bombagem (agricultura, polders).

Posteriormente, durante várias décadas, a energia eólica foi também utilizada para produzir eletricidade em locais remotos que não estavam ligados a uma rede eléctrica (casas, quintas, faróis, navios no mar, etc.). As instalações sem armazenamento de energia implicavam que a necessidade de energia e a presença de energia eólica fossem simultâneas. O domínio do armazenamento de energia através de baterias permitiu armazenar esta energia e utilizá-la quando não há vento, embora este tipo de instalação apenas diga respeito às necessidades domésticas e não seja aplicado à indústria.

[2]Desde a década de 1990, as melhorias na tecnologia das turbinas eólicas tornaram possível a construção de turbinas eólicas de mais de 5 MW e está em curso o desenvolvimento de turbinas eólicas de 10 MW. Os subsídios governamentais permitiram o seu desenvolvimento num grande número de países. Atualmente, estas turbinas eólicas são utilizadas para produzir corrente alternada para as redes eléctricas, tal como um reator nuclear. reator nuclear, uma barragem hidroelétrica ou uma centrale central térmica. No entanto, a energia produzida, os custos de produção e o impacto ambiental são muito diferentes.

As estruturas dos colectores são cada vez mais eficientes. Para além das características mecânicas da turbina eólica, a eficiência da conversão da energia mecânica em energia eléctrica é muito importante.

2.2 Princípio e estrutura

Um parque eólico ou aerogerador produz eletricidade utilizando a força do vento.

No topo da turbina eólica encontram-se as pás, que podem medir até 120 m. Estas pás, também chamadas rotores, rodam sob o efeito de um vento inferior a Km/h.

O sistema de pás gira em torno de um cubo, o cubo de um eixo que é recolhido na nacela, que é transportada no mastro e este mastro é fixado às fundações que permitem que o aerogerador se mantenha na vertical.

A nacela é o elemento principal da turbina eólica, que se orienta automaticamente para o vento através de sensores para captar o máximo de vento, quando o sistema de pás roda o eixo (cubo) esta velocidade não é suficiente para produzir eletricidade, um multiplicador aumenta esta velocidade para 1500 rpm e transmite-a a um segundo eixo do gerador, A interação entre o eletroíman do rotor e a bobina de fios de cobre do estator produz uma corrente eléctrica, que é depois distribuída à rede.

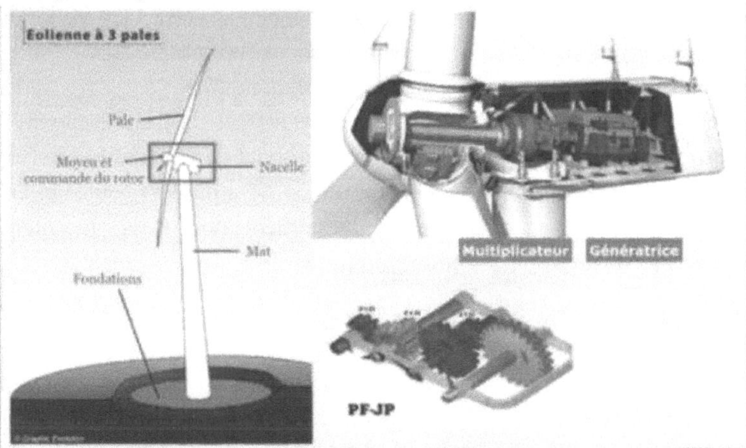

Figura 2.1: Descrição de uma turbina eólica

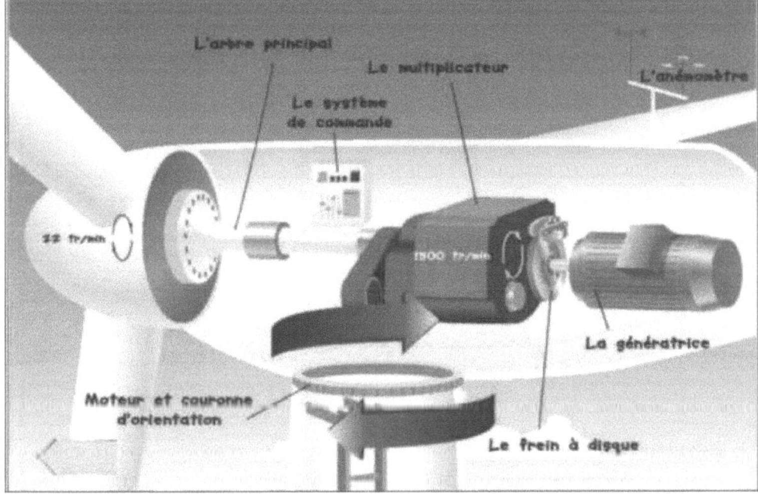

Figura 2.2: Princípio de funcionamento de uma turbina eólica

2.3 Características e dimensões

A eficiência energética e a potência das turbinas eólicas são função da velocidade do vento. Para as turbinas eólicas de três pás, no início da gama de funcionamento (3 a 10 m/s), a potência é aproximadamente proporcional ao cubo desta velocidade, até um limite máximo de velocidade de 10 a 25 m/s ligado à capacidade do gerador. As turbinas eólicas de três pás funcionam com velocidades de vento geralmente compreendidas entre 11 e 90 km/h (3 a 25 m/s). A Para além disso, são gradualmente desligadas para garantir a segurança do equipamento e minimizar o desgaste. [5]As turbinas eólicas atualmente disponíveis no mercado são concebidas para funcionar entre 11 e 90 km/h (3 a 25 m/s), quer sejam da Enercon, da Areva para as turbinas eólicas offshore, ou da Alstom para as turbinas eólicas onshore e offshore. [6]

Como a energia solar e outras energias renováveis energias renováveis, a utilização maciça da energia eólica requer uma fonte de energia de reserva para os períodos em que há menos vento, ou meios de armazenamento da energia produzida (baterias, armazenamento hidráulico ou, mais recentemente, hidrogénio, metanização ou ar comprimido). [6]

Diferentes tipos de turbinas eólicas

No total, existem 11 tipos de turbinas eólicas, 6 das quais são aqui apresentadas:

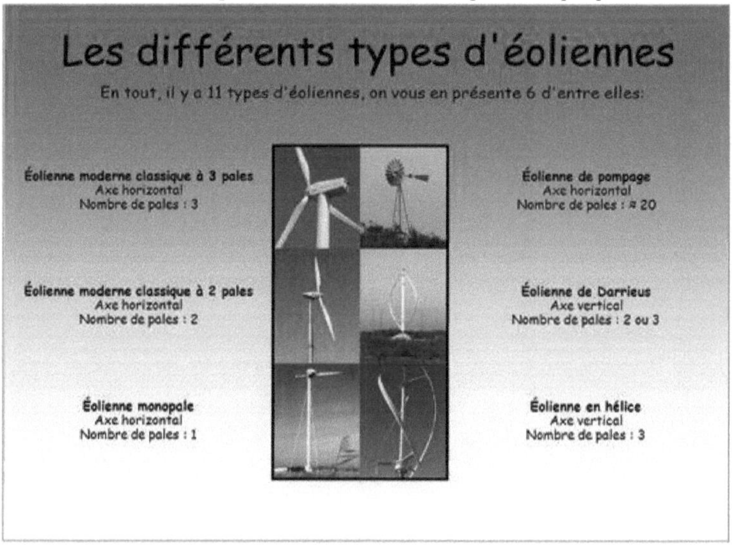

Figura 2.3: Tipos de turbinas eólicas

A tecnologia atualmente mais utilizada para aproveitar a energia eólica utiliza uma helice hélice num eixo horizontal. Alguns protótipos utilizam um eixo de rotação vertical: uma nova tecnologia com um eixo vertical é a do *aerogerador Kite* (inspirado no kitesurf) que, para captar o vento mais forte possível, utiliza cabos e asas que podem atingir uma altura de 800/1000 m. (ref 6)

A tecnologia de eixo horizontal tem algumas desvantagens:

- 1 As dimensões espaciais são significativas, correspondendo a uma esfera com um diâmetro igual ao da hélice, assente num cilindro com o mesmo diâmetro. É necessário um mastro alto para captar o vento mais forte possível;
- O vento deve ser o mais regular possível, pelo que é proibido em zonas urbanas ou em terrenos muito inclinados;
- a velocidade na ponta de uma pá aumenta rapidamente com o seu tamanho, com o risco de provocar avarias e ruídos na zona circundante. Na prática, as pás das grandes turbinas eólicas nunca ultrapassam uma velocidade de cerca de 100 m/s na sua ponta. De facto, quanto maior for a turbina eólica, mais lentamente gira o rotor (menos de 10 rotações por minuto para as grandes turbinas eólicas offshore).

As novas turbinas eólicas atualmente em desenvolvimento têm como objetivo desenvolver uma tecnologia sem o ruído, o volume e a fragilidade das turbinas eólicas de pás, podendo utilizar o vento independentemente da sua direção e força. Numerosas variantes estão a ser estudadas em ensaios reais. Algumas turbinas eólicas são de pequenas dimensões (3 a 8 m de largura, 1 a 2 m de altura), com o objetivo de poderem ser instaladas nos telhados planos de edifícios residenciais nas cidades, ou nos telhados de edifícios industriais e comerciais, em gamas de potência de alguns quilowatts a algumas dezenas de quilowatts de potência média. A sua velocidade de rotação é baixa e independente da velocidade do vento. A sua potência varia com o cubo da velocidade do vento (velocidade do vento aumentada para potência 3): quando a velocidade do vento duplica, a potência é multiplicada por 8. A velocidade do vento pode variar entre 5 km/h e mais de 200 km/h sem que seja necessário "emplumar" as pás. [6]

2.4 Mapa dos recursos eólicos em África [6].

A capacidade instalada de energia eólica em África aumentou 16,5 % em 2019, de 5728 MW no final de 2018 para 673 MW no final de 2018, incluindo 2085 MW na África do Sul e 1452 MW no Egipto. As adições em 2019 foram de 944 MW, incluindo 262 MW no Egipto.

A capacidade instalada de energia eólica em África aumentou 20% em 2018, de 4 758 MW no final de 2017 para 5 720 MW no final de 2018, incluindo 2 085 MW na África do Sul e 1 190 MW no Egipto. As adições em 2018 totalizaram 962 MW, incluindo 380 MW no Egipto e 310 MW no Quénia.

Aumentou 16% em 2017 (12% em 2016, 30% em 2015, 58% em 2014), passando de 1 612 MW no final de 2013 para 2 536 MW no final de 2014 e 3 488 MW no final de 2015,

3.917 MW no final de 2016 e 4.538 MW no final de 2017; mais de metade do salto de 934 MW em 2014 teve lugar na África do Sul: +560 MW e quase um terço em Marrocos: +300 MW; em 2015, a África do Sul foi responsável por 64% do aumento no equivalente africano com +483 MW, seguida da Etiópia: +153 MW; em 2016, todas as entradas em funcionamento tiveram lugar na África do Sul: +418 MW; da mesma forma em 2017: +621 MW.

[er95]A África do Sul ocupa o primeiro lugar com 2 085 MW instalados no final de 2018, ou seja, 36% do total africano, em comparação com 1 473 MW no final de 2016, 1 053 MW no final de 2015, 570 MW no final de 2014 e 10 MW no final de 2013; Depois de ter levado uma década a instalar os seus primeiros 10 MW de energia eólica, em 2013 estava a desenvolver projectos de energia eólica de 3 000 MW a 5 000 MW, com 636 MW em construção e 562 MW perto do fecho financeiro; o Plano *Integrado de Recursos do Sector Elétrico* 2010-2030 prevê 9 000 MW de energia eólica até 2030.

O projeto mais avançado é o parque eólico de Sere, construído pela empresa nacional de eletricidade Eskom na costa oeste, 300 km a norte da Cidade do Cabo; a sua capacidade de 106 MW (46 turbinas Siemens de 2,3 MW) permitir-lhe-á produzir 240 a 300 GWh/ano (fator de carga: 26 a 32%).

Produção de energia em África [8]

Desde 2010, a energia eólica tornou-se a segunda fonte mais importante de energia renovável, a seguir à energia solar.

Quadro 2.1: Produção de energia em África

Fonte	1990	%	2000	%	2010	%	2011	2012	2013	2014	% 2014	alteração 2014/1990
Carvão	100.2	87.5	126,9	87.2	143,9	87.8	142.7	146.0	145,0	147.5	87,6	+47 %
Óleo	0		0,9	0.6	0.5	0.3	0.5	0.3	0.2	0.2	0,14	ns
Gás natural	1.5	1.3	1.4	1.0	1,3	0.8	1.1	0,96	1,02	0,87	0,5	-42 %
Total de combustíveis fósseis	101,7	888	129,3	88.8	145,7	88.9	144.3	147,2	146,3		88,3	+44 %
Nudeaire	2.2	1.9	3.4	2.3	3.2	1.9	3.5	3.1	3.7	3.6	2,1	+63 %
Hidráulica	0,09	0.08	0.1	0.07	0,18	0,11	0,18	0,10	0,10	0,08	0,05	-3%
Resíduos de biomassa	10.6	9.2	12,9	8,8	14,9	9.1	15.1	15.3	15.6	15.8	9,4	+49 %
Solar, eólica, geotérmica.	0		0		0,07	0.04	0,07	0,08	0,11	0,29	0,17	ns
Total RE	10,7	9.3	13,0	8,9	15,1	9.2	15,3	15,5	15.9	16,2	9,5	+52 %
Total	114,5	também	145.6	100	154.0	100	163,2	165,9	165,72	168,3	100	+47 %

Taxa de crescimento: [8]

O crescimento no sector da energia eólica é também muito forte (+26,1% em média por ano).

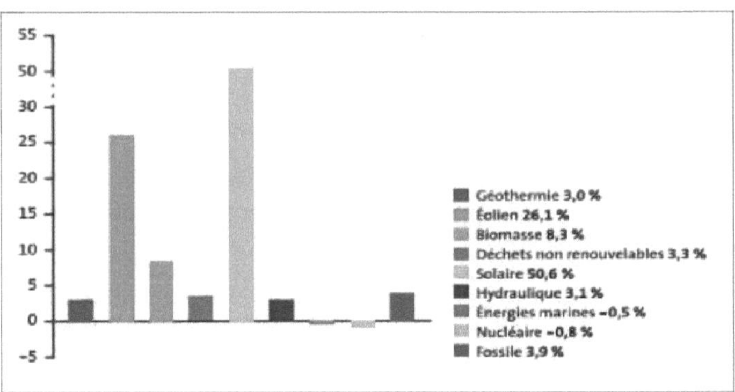

Figura 2.4: Taxa de crescimento

Mapa dos parques eólicos argelinos [8].

A Argélia tem grandes ambições no domínio das energias renováveis. Para além da instalação de vários parques eólicos nos Hauts Plateaux e no Sul, existem também projectos de parques eólicos em fase de preparação:

Em 3 de julho de 2014, a Argélia inaugurou o seu primeiro parque eólico, situado em Kabertene, no centro do país, a norte da cidade de Adrar. Equipado com doze turbinas eólicas fornecidas pelo grupo espanhol, tem uma capacidade de 10 MW. Custo total: 280 mil milhões de euros.

Foram identificadas 21 zonas que oferecem uma velocidade adequada para a instalação de parques eólicos, antecipando a instalação de futuros parques eólicos em 2017.

2.5 Parques eólicos e energia [7]

Um **parque eólico** é um local onde várias turbinas eólicas são agrupadas para produzir eletricidade. Está geralmente situado num local onde o vento é forte e/ou regular. Um parque eólico em terra é constituído por várias turbinas espaçadas pelo menos 200 m, cuja produção de eletricidade se destina a ser vendida ao distribuidor local. Embora cada máquina ocupe uma pequena área, é necessária uma superfície de cerca de 10 hectares para um parque eólico significativo. Existem dois tipos de parques eólicos: onshore e offshore (ao largo da costa).

Um parque eólico de 12 MW, composto por quatro a seis turbinas, com um fator de carga de 23% (ou seja, uma produção média de 24 000 MWh/ano), pode cobrir as necessidades de eletricidade de quase   12 000 pessoas.

(consumo médio de 2.000 kWh/ano por pessoa), incluindo o aquecimento.

O maior parque eólico offshore do mundo é o London Array, composto por **173 turbinas** com uma capacidade de **630 MW**.

[2]O maior parque eólico onshore do mundo é o parque eólico de Roscoe, nos

Estados Unidos (Texas), com **627 turbinas eólicas** (781,5 MW) e uma extensão de 400 km. Operador: E.ON Climat and Renewable Energies.

Existem dois parques:

- Parques eólicos em terra.

- Parques eólicos offshore, a vários quilómetros da costa da Bretanha (as instalações offshore são interessantes porque beneficiam de ventos fortes e regulares).

- Modelos mais pequenos podem também ser instalados em jardins [8].

Os critérios de escolha do local de implantação de uma turbina eólica dependem do tamanho, da potência e do número de unidades. Estes critérios incluem a presença de um vento regular e várias condições, tais como: a presença de uma rede eléctrica para recolher a corrente, a ausência de zonas de exclusão (incluindo o perímetro de monumentos históricos, sítios classificados, etc.), terrenos adequados, etc. [8]

Um bom sítio para um parque eólico deve ter as seguintes qualidades

- sítio de vendas
- pouca turbulência
- acesso fácil
- perto da rede eléctrica [7]

Gama de potências: [8]

Estas gamas de potência são parcialmente determinadas pela forma e pelo número de pás:

- Para produzir energia, o vento deve ter uma velocidade mínima (frequentemente 3 m/s, ou 10 km/h);

- Por razões de segurança, se o vento for demasiado forte, a turbina eólica é desligada (frequentemente a partir de 90 km/h);

As turbinas eólicas têm diferentes formas e números de pás. Têm, por isso, diferentes forças de elevação e de arrastamento, o que explica o facto de terem diferentes gamas de funcionamento ótimo.

Por exemplo: os rotores verticais arrancam e param muito rapidamente, tal como as turbinas eólicas com muitas pás (frequentemente utilizadas como turbinas de bombagem).

2.6 Normas [9]

Existem várias certificações para a energia eólica na Europa, na Dinamarca, nos Países Baixos e na Alemanha. Isto deve-se ao facto de o seu mercado de energia eólica já estar bem estabelecido. Em França, não existe nenhuma certificação específica para a energia eólica (ISO, AFNOR, etc.). No entanto, **existe a norma EN 50 308**: "Aerogerador, Medidas de Proteção - Requisitos de Conceção, Funcionamento e Manutenção".

Esta norma foi prescrita pelo **Comité Europeu de Normalização Eletrotécnica** (CENELEC) em nome da Comissão Europeia, após o parecer do Comité "Normas e Regras Técnicas", como norma "harmonizada" no âmbito da Diretiva "Máquinas", semelhante à **norma internacional IEC   61400-1**.

Estabelece "os requisitos para as medidas de proteção relativas à saúde e segurança do pessoal, aplicáveis à entrada em funcionamento, operação e manutenção   de turbinas eólicas de eixo horizontal".   turbinas eólicas ".

As suas exigências têm em conta os riscos mecânicos (quedas, escorregamentos, etc.), os riscos térmicos (incêndios, queimaduras, etc.), os riscos eléctricos, os riscos sonoros e os riscos resultantes da inobservância dos princípios ergonómicos. Faz referência a cerca de trinta outras normas e, nomeadamente, às normas da série EN 292 (segurança das máquinas: princípios gerais), que são, assim, indiretamente "harmonizadas".

2.7 Vantagens e desvantagens [9].

As vantagens são inúmeras. A energia eólica é limpa, renovável, não produz resíduos e não polui. A produção regular e contínua de energia pode ser alcançada se o parque eólico estiver situado num local adequado com exposição suficiente ao vento.

As turbinas eólicas têm uma vida útil de cerca de 25 anos mas, ao contrário das centrais geotérmicas, podem ser desmontadas e recicladas mais facilmente.

Outra **vantagem da energia eólica** é o facto de a matéria-prima (vento) ser gratuita. No entanto, existem também desvantagens significativas: o custo das pás é elevado, pelo que é necessário um longo período para garantir o retorno do investimento.

É também de salientar que a presença de turbinas eólicas nas zonas costeiras (geralmente as mais expostas ao vento) tem um impacto pouco atrativo na paisagem e o ruído que produzem pode ser incómodo. No entanto, estes **inconvenientes** podem ser minimizados se as turbinas forem instaladas a alguns quilómetros da costa, como foi feito na Dinamarca, de modo a eliminar a perturbação visual e acústica.

2.8 Exemplo de instalação de uma turbina eólica: turbina eólica doméstica [9].

A instalação de uma turbina eólica permite obter um rendimento (até 1 000 euros/ano) durante 15 anos a partir da eletricidade produzida. No entanto, os painéis solares fotovoltaicos são uma solução muito mais rentável. Geram um melhor rendimento (até 1.800 euros/ano) durante 20 anos, para um investimento 3 vezes inferior.

A Quelle Energie decidiu não propor turbinas eólicas domésticas como solução de poupança de energia. De momento, **não se trata de um sistema suficientemente rentável**. O custo da instalação é ainda demasiado elevado para ser amortizado pelas receitas geradas pela revenda da eletricidade produzida.

Uma turbina eólica vertical ou horizontal?

Existem atualmente dois tipos de turbinas eólicas: **horizontais e verticais**. As turbinas eólicas horizontais são as mais conhecidas: produzem **rendimentos mais elevados**, mas são também as **mais caras**. As turbinas eólicas verticais são **mais económicas**. É fixada no telhado da sua casa e tem a vantagem de **funcionar mesmo com ventos fracos**.

Rendibilidade incerta

As turbinas eólicas são uma forma eficiente de produzir eletricidade de forma limpa. No entanto, não é um método de produção rentável para os particulares. O **preço de uma turbina eólica doméstica é ainda demasiado elevado**. Custa **entre 10.000 e 90.000 euros**, incluindo a instalação. As variações de preço dependem muito da potência utilizada. Por exemplo, uma instalação de 5 kW representa um investimento médio de 30 000 euros, contra 50 000 euros para uma instalação de 10 kW. Este preço depende igualmente da tecnologia utilizada pela turbina eólica. Por conseguinte, as receitas geradas pela revenda da eletricidade produzida, que não excedem 1 000 euros por ano, **não permitem amortizar o investimento**.

Soluções mais rentáveis

A baixa rentabilidade das turbinas eólicas domésticas torna-as uma **solução pouco atractiva**. No entanto, outros sistemas que produzem eletricidade a partir de fontes de energia renováveis oferecem um melhor rendimento. É o caso dos **painéis fotovoltaicos**, que proporcionam um rendimento substancial (até 1.800 euros/ano) durante 20 anos. Esta instalação, que **custa 3 vezes menos**, paga-se a si própria em poucos anos e garante um rendimento regular.

Para completar a sua instalação de produção, optimize o seu consumo de eletricidade com um sistema de iluminação LED. A Quelle Energie recomenda **as lâmpadas LED** porque consomem 6 vezes menos energia do que as lâmpadas convencionais. Trata-se de uma solução de iluminação de alto desempenho que é rentável, económica, sustentável e ecológica.

Instalação de uma turbina eólica doméstica no telhado da sua casa

Para instalar uma pequena turbina eólica, não é necessário viver perto de uma zona de desenvolvimento de um parque eólico em terra. Basta ter um terreno exposto a ventos fortes, regulares e frequentes. A turbina é ligada a um inversor que, por sua vez, está ligado à rede eléctrica. No entanto, é necessário obter uma **autorização de planeamento e o acordo dos vizinhos para** instalar uma turbina eólica doméstica.

A **turbina eólica doméstica** é uma **pequena turbina eólica** optimizada para fornecer eletricidade a uma única habitação. Este tipo de turbina eólica tem geralmente uma potência entre 100 W e 20 kW. Instalada num mastro de 10 a 35 metros,

Para instalar uma turbina eólica doméstica, não é necessário viver perto de uma zona de desenvolvimento de um parque eólico. Basta ter um terreno exposto a ventos fortes, regulares e frequentes.

A instalação demora alguns dias

Antes da instalação, o artesão terá de escolher o **local ideal** para a sua futura turbina eólica e selecionar um tamanho o mais próximo possível das suas necessidades. Uma vez concluída esta etapa, o profissional estará em condições de instalar o seu aerogerador doméstico. A instalação consiste em colocar uma **base de betão** na qual a turbina eólica é ancorada. O aerogerador é então montado no solo e levantado com um macaco hidráulico. Finalmente, o instalador instala o **inversor** e **liga-o à rede**, utilizando um contador para medir a quantidade de eletricidade consumida ou vendida à rede.

Conclusão [8]

A energia eólica é uma fonte de energia renovável, não poluente e com grande potencial de desenvolvimento. De facto, as turbinas eólicas não libertam gases ou substâncias perigosas para o ambiente e não geram resíduos.

CAPÍTULO 3

Sistemas híbridos

A combinação de duas ou mais fontes de energia no mesmo sistema traz estabilidade, especialmente se forem complementares.

Um bom sistema híbrido beneficia das vantagens combinadas das suas duas formas de energia. As energias de fluxo são utilizadas para produzir a maior parte da energia, a um custo muito baixo, enquanto as energias de reserva são utilizadas a pedido, como reserva, para satisfazer necessidades energéticas excepcionais ou para fazer face a uma quebra na produção de energia de fluxo.

Resumo do capítulo: Sistemas híbridos

3.1 Sistemas híbridos

3.2 Turbina de maré

3.3 Como funciona uma turbina de maré

3.4 Os diferentes tipos de turbinas de marés e os seus operadores

3.1 Sistemas híbridos [8]

A recuperação da energia hidráulica na sua forma gravitacional existe há muito tempo. É este o princípio que faz funcionar máquinas e estruturas como os moinhos de água, os moinhos de maré, as barragens hidráulicas e as centrais eléctricas de marés. [e]Por outro lado, a recuperação da energia cinética das correntes fluviais ou marítimas era rara antes do século XXI.

No início dos anos 2000, a necessidade de desenvolver as energias renováveis colocou em evidência as energias marinhas e, em particular, a energia das marés. A partir dos anos 2005-2010, a maturidade técnica do sector permitiu o lançamento simultâneo de estudos técnicos e ambientais em todo o mundo.

Nessa altura, as turbinas de marés estavam a beneficiar de enormes esforços técnicos e financeiros, tal como tinha acontecido com a energia eólica alguns anos antes. Nessa altura, esperava-se que o sector industrial se desenvolvesse rapidamente, nomeadamente no que diz respeito às turbinas de marés de grande dimensão (máquinas de 1 MW ou mais).

O desenvolvimento de novos materiais (compósitos, betão compósito, ligas metálicas, etc.) reforça a ideia de que soluções técnicas pertinentes e adaptadas ao meio marinho podem tornar-se indispensáveis. Os anos 2010 foram marcados pela produção de demonstradores e protótipos testados em todo o mundo. Paralelamente, surgem as turbinas mini-hídricas, mais adaptadas aos rios, mais fáceis de manter e, por conseguinte, menos dispendiosas de investir.

As dificuldades técnicas associadas ao meio marinho, como a corrosão, as incrustações e o custo das operações de manutenção e reparação, contribuem para um custo por MWh proibitivo em relação a outras energias renováveis. As restrições regulamentares, particularmente onerosas, travam o desenvolvimento de um sector que já tem dificuldades em arrancar e a emergência de um sector industrial para as turbinas maxi-hídricas num futuro próximo (2020-2025) não é um dado adquirido.

Em julho de 2018, a Naval Energie anunciou o fim do seu investimento em turbinas de marés, passando a concentrar as suas actividades nas turbinas eólicas flutuantes e na energia térmica oceânica. Esta filial do Naval Group tinha investido 250 milhões de euros em turbinas de marés desde 2008 e tinha acabado de inaugurar a fábrica de Cherbourg dedicada à montagem de turbinas de marés em 14 de junho de 2018. Esta decisão é justificada pela falta de perspectivas comerciais e por um sistema de subvenções que não fornece ajuda direta aos fabricantes durante as fases de desenvolvimento. A decisão do Reino Unido de não subsidiar as turbinas de marés, combinada com a sensibilidade do Canadá ao custo da tecnologia, reforçou a ideia de que o mercado não era rentável. Colocada em processo de liquidação judicial por um tribunal irlandês, a OpenHydro não deverá cumprir as encomendas de duas máquinas destinadas ao Japão e ao Canadá.

3.2 Turbina de maré

O princípio de funcionamento [8]

Na prática, o sistema elétrico híbrido está centrado nas baterias, que são o coração do sistema. Todas as fontes de energia carregam as baterias independentemente umas das outras. Alguns geradores de energia produzem uma tensão DC que recarrega as baterias diretamente (barramento DC). É o caso dos painéis solares.

Outros aparelhos produzem uma tensão alternada, ou tensão CA, que deve passar pelo inversor/carregador para recarregar as baterias (barramento CA). É o caso, por exemplo, de um gerador, da rede eléctrica ou de uma turbina hidráulica.

O gerador pode ser ligado automaticamente por um relé interno no inversor/carregador se as baterias estiverem demasiado fracas, por exemplo, durante os períodos em que não há sol ou vento.

Dimensionamento [8]

O dimensionamento de um sistema híbrido é uma tarefa delicada, que exige um bom conhecimento dos produtos instalados, do potencial de energias renováveis do local e das necessidades do cliente (flexibilidade, segurança, desempenho económico).

Por exemplo, o regulador solar, o regulador eólico e o carregador de baterias devem ser montados na oficina, uns em relação aos outros, para que funcionem corretamente no sistema completo.

Um sistema híbrido bem concebido é indiscutivelmente o sistema de produção de energia mais fiável e económico para locais isolados, uma vez que tira partido de todas as vantagens dos diferentes tipos de energia. Por exemplo, a regularidade de produção dos painéis solares combina bem com as turbinas eólicas, que podem produzir durante a noite ou em dias nublados. 3.2 Turbinas de marés

No Senegal, infelizmente, o potencial de energia solar e eólica é menor durante os meses de inverno, pelo que é necessário recorrer a um gerador a gasóleo ou a gasolina para compensar a falta de energia nessa altura do ano. No entanto, durante o resto do ano, a energia solar e eólica funcionam muito bem em conjunto para manter as baterias carregadas e o gerador desligado.

3.3 Como funciona uma turbina de marés [8].

Uma turbina de marés é uma turbina hidráulica (subaquática ou flutuante) que utiliza a energia cinética das correntes marítimas ou fluviais, tal como uma turbina eólica utiliza a energia cinética do vento.

Figura 3.1: Turbina de maré (Sabella D03)

A turbina de uma turbina de marés transforma a energia cinética da água em movimento em energia mecânica, que pode depois ser convertida em energia eléctrica por um alternador. As máquinas podem assumir uma vasta gama de formas, desde grandes geradores de vários megawatts submersos em profundidade em zonas com correntes de maré muito fortes até microgeradores flutuantes em pequenas correntes fluviais. Parece não haver limites para a inventividade dos projectistas neste domínio.

Potência recuperável

A energia recuperável é inferior à energia cinética do fluxo de água a montante da turbina de maré, uma vez que a água deve manter uma certa velocidade residual para que o fluxo se mantenha. Um modelo básico de funcionamento de uma hélice pode ser utilizado para estimar o rácio da energia cinética recuperável para uma secção perpendicular ao fluido em movimento.

Este é o limite de Betz, igual a $16/27 = 59\%$. Este limite pode ser ultrapassado se o fluxo de fluido for forçado para uma veia de secção transversal variável (efeito venturi) em vez de fluir livremente à volta da hélice.

A potência máxima recuperável teórica de uma turbina de marés pode ser expressa da seguinte forma:

$$P_{max} - \frac{16}{27} \cdot \frac{1}{2} \cdot \rho . S . V^3 - 295 . S . V^3 \tag{3.1}$$

Pmax= potência em (W) ;

^{2}S= área varrida pelas pás (m);

V= velocidade da água em (m/s)

$^{-3}$As turbinas de marés tiram partido da densidade da água, que é 832 vezes superior à do ar (cerca de 1,23 kg m a 15°C). Apesar da menor velocidade do fluido, a potência que pode ser recuperada por unidade de superfície da hélice é muito maior para uma turbina de maré do que para uma turbina eólica.

Por outro lado, a potência da corrente varia com o cubo da velocidade, pelo que a energia produzida por uma corrente de 4 m/s é 8 vezes superior à produzida por uma corrente de 2 m/s. Os locais com correntes fortes (> 3 m/s) são, portanto, particularmente favoráveis, mas infelizmente bastante raros.

Deformação do vcio de água

A incompressibilidade da água significa que o fluxo através da turbina de maré deve ser idêntico a montante e a jusante. Isto significa que o produto da velocidade e da secção transversal é constante antes e depois da hélice. À medida que o fluido passa pela turbina, abranda e o fluxo alarga-se.

3.4 Diferentes tipos de turbinas de marés e operadores [8].

Foram desenvolvidos numerosos conceitos de turbinas de marés, mas nenhum se impôs verdadeiramente, cada um com as suas próprias vantagens e deficiências. Alguns deles deram origem a demonstradores ou projectos experimentais, mas poucos chegaram à fase de produção industrial. O EMEC enumera mais de 50 princípios técnicos diferentes, mas o Centro Europeu de Energia Marinha reconhece seis tipos principais de conversores de energia das marés. São eles as turbinas de eixo horizontal, as turbinas de eixo vertical, os hidrofólios oscilantes, os venturis, os parafusos de Arquimedes e os papagaios.

A produção de eletricidade a partir das correntes fluviais utiliza mini ou microturbinas eólicas, que estão apenas ligeiramente submersas, têm um impacto reduzido na fauna aquática e orçamentos de investimento limitados.

Estas turbinas produzem menos eletricidade do que as turbinas convencionais, mas são muito mais leves e exigem um investimento muito menor. (Figura 3.2)

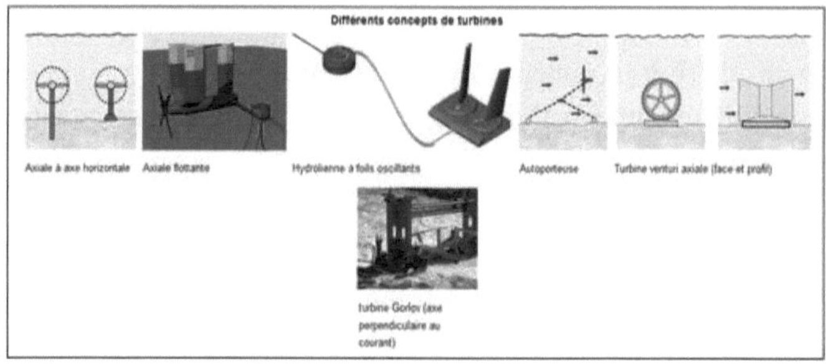

Figura 3.2: Os diferentes tipos de turbinas de marés

Turbina axial de eixo horizontal

É o mesmo conceito de uma turbina eólica, mas a funcionar debaixo do mar. Existem numerosos protótipos e projectos em funcionamento em todo o mundo. As turbinas têm um único rotor com pás fixas. A potência deste tipo de turbina varia de alguns watts a vários megawatts. Têm entre duas e uma dúzia de pás, consoante o seu tamanho. Os efeitos de arrasto na ponta da pá limitam a velocidade de rotação destas turbinas. Consoante o modelo, a turbina pode ou não estar orientada no sentido da maré vazante. No caso de uma turbina fixa que extrai a sua produção da corrente reversível, o perfil das pás é simétrico para se adaptar às duas direcções da corrente

Turbina de eixo vertical

Mal designadas porque podem ser dispostas na horizontal ou na vertical, estas turbinas têm um eixo *perpendicular* à direção da corrente. Inventadas por Georges Darreius em 1923 e patenteadas em 1929. O cientista soviético M. Gorlov aperfeiçoou-a nos anos setenta. As pás são constituídas por 2 a 4 lâminas helicoidais (perfil curvo com a forma de uma asa de avião). A EcoCinetic, com sede em La Rochelle, comercializa uma turbina micro-hídrica de eixo vertical baseada no rotor Savonius e concebida para ser utilizada nos rios.

Turbina Venturi

O fluxo de água é conduzido através de uma bainha ou conduta, cuja secção transversal se estreita à entrada do gerador, acelerando o fluxo e aumentando a potência disponível.

Turbina de maré oscilante

Outro meio de recuperação de energia que não necessita de turbina, o bioinspire baseia-se no movimento de membranas ou folhas que oscilam na corrente. Este tipo de dispositivo é constituído por planos móveis que accionam e comprimem um fluido num sistema hidráulico. A pressão gerada é convertida em eletricidade. Outros utilizam membranas ondulantes.

Turbina autoportante

Variações, como o "papagaio *de maré"*, utilizam a corrente marítima para manter um grande papagaio em "voo subaquático", ligado ao fundo do mar por um cabo, que suporta uma turbina que gera eletricidade. O primeiro *"Deep Green"* (3 m de largura) foi testado na Irlanda (em Strangford Lough, em Ulster) pelo seu projetista (Minesto, uma empresa sueca derivada da Saab).

Vantagens

As turbinas de marés utilizam energia renovável, não poluem e não geram resíduos (pelo menos durante a sua fase de funcionamento);

- Devido à elevada densidade da água (800 vezes superior à do ar), as turbinas de marés são muito mais pequenas do que as turbinas eólicas com uma potência equivalente. Têm um impacto visual limitado e, ao contrário das barragens hidráulicas, não requerem estruturas complexas de engenharia civil;

- As correntes marítimas são previsíveis, pelo que a produção futura de eletricidade pode ser estimada com precisão.

- O potencial das correntes marinhas é significativo;

As desvantagens

- Para evitar o desenvolvimento de algas e de outros organismos incrustantes na turbina de maré, devem ser utilizados regularmente produtos anti-incrustantes tóxicos para a fauna e a flora marinhas. A realização da operação debaixo de água não é uma opção, tanto por razões técnicas como porque o risco para o ambiente é tal que este tipo de operação tem de ser efectuado por uma embarcação fora de uma zona de cuidado especialmente equipada. Uma operação de manutenção regular para remover ou extrair a turbina de maré da água e refazer o seu cuidado é, portanto, essencial;

- Em águas turvas, devido à presença de areia em suspensão (a erosão das pás da hélice ou das partes móveis pela areia é muito elevada, exigindo operações de manutenção das pás. Para facilitar a substituição, algumas turbinas de marés têm uma estrutura que emerge da água (o que pode ser um problema para a navegação) ou têm sistemas de lastro que permitem baixar ou levantar as unidades de produção;

- As turbinas de maré criam zonas de turbulência, que modificam a sedimentação e as correntes, com possíveis efeitos na flora e na fauna a jusante da sua posição. Estes aspectos são analisados nos estudos de impacto;

- Os peixes, os mamíferos marinhos ou os mergulhadores podem embater nas hélices e sofrer ferimentos mais ou menos graves. No entanto, as hélices podem rodar muito lentamente (em função da resistência do alternador e, portanto, do tipo de turbina de marés).

CAPÍTULO 4

Energia solar fotovoltaica

O amplificador diferencial é uma das melhores fases diretamente acopladas. Na sua forma básica, o amplificador operacional consiste tipicamente em pelo menos dois estágios amplificadores diferenciais. O amplificador diferencial é fundamental para o funcionamento interno de um amplificador operacional, uma vez que determina as características de entrada de um amplificador operacional típico.

Resumo do capítulo: Energia solar fotovoltaica

4.1 Princípio de uma instalação fotovoltaica

4.2 O potencial solar da Argélia

4.3 Tecnologias de células fotovoltaicas

4.4 Módulos fotovoltaicos

4.5 MPPT

4.6 Características e conectores fotovoltaicos

4.7 O inversor

4.7.1 Função

4.7.2 Princípio

4.7.3 Características e desempenho

4.8 Exemplo de uma instalação fotovoltaica

4.1 Princípio de uma instalação fotovoltaica

A energia solar fotovoltaica provém da conversão da luz solar em eletricidade em materiais semicondutores como o silício ou materiais revestidos com uma fina camada de metal. Estes materiais fotossensíveis têm a capacidade de libertar os seus electrões sob a influência de energia externa. Este é o efeito fotovoltaico. A energia é fornecida por fotões (componentes da luz) que colidem com os electrões e os libertam, induzindo uma corrente eléctrica. Esta corrente contínua de micropotência, calculada em crete watts (Wp), pode ser transformada em corrente alternada através de um inversor.

A eletricidade produzida está disponível como eletricidade direta ou armazenada em baterias (energia eléctrica descentralizada) ou como eletricidade injectada na rede. Um gerador solar fotovoltaico é constituído por módulos fotovoltaicos, que por sua vez são constituídos por células fotovoltaicas interligadas.

O desempenho de uma instalação fotovoltaica depende da orientação dos painéis solares e das zonas de insolação em que se encontra.

O futuro da energia fotovoltaica nos países industrializados reside na sua integração nos telhados e nas fachadas das casas solares.

Estrutura das instalações fotovoltaicas [10]

A adaptação entre o gerador fotovoltaico e a carga eléctrica é conseguida através de conversores estáticos, em função das necessidades específicas. A figura 1.4 mostra esquematicamente três casos:

•   A aplicação mais difundida é a apresentada na figura 1.4.a. Trata-se de carregar baterias e alimentar utilizadores independentes. Um variador de corrente adapta a tensão variável dos painéis à tensão constante imposta pela bateria. Este tipo de conversão de energia é adequado para locais muito afastados da rede, bem como para uma utilização autónoma contínua. As potências variam de alguns 100 W a KW.

•   A segunda aplicação é a utilização de energia solar fotovoltaica para bombear águas subterrâneas. A Figura 1.4.b mostra um inversor de corrente contínua e um inversor trifásico que alimenta um motor assíncrono, accionando uma bomba. As potências também variam entre alguns 100 W e KW.

A figura 1.4.c mostra a recuperação de energia solar da rede de distribuição. Um inversor trifásico ou monofásico converte a energia CC em CA. Mesmo que esta aplicação seja ainda muito limitada por não ser ainda económica, pode tornar-se interessante e dar um certo contributo para o fornecimento de energia eléctrica. A potência de uma aplicação deste tipo pode atingir cerca de 100 KW.

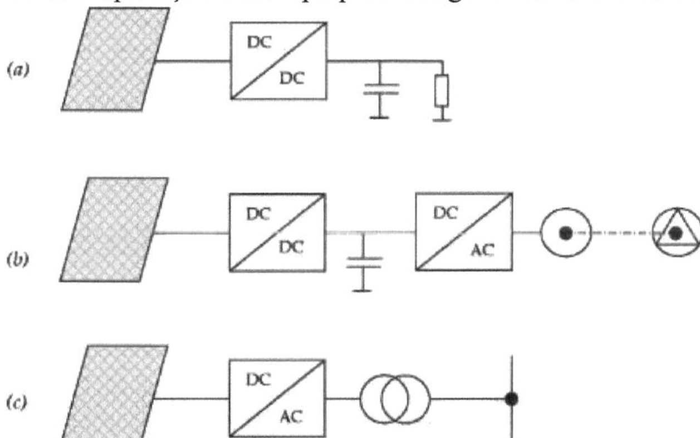

(a) Carregamento da bateria e alimentação eléctrica para utilização independente ;
(b) Alimentação de uma unidade de bombagem motorizada para bombear águas subterrâneas ;
(c) Recuperação de energia na rede de distribuição.

Figura 4.1: Representação esquemática da conversão da energia solar

A forma como a energia fotovoltaica é integrada nos sistemas eléctricos depende do facto de o sistema estar ligado à rede, ser isolado ou híbrido. Em cada caso, o armazenamento da eletricidade produzida pelo gerador fotovoltaico pode ser necessário por diferentes razões. **4.2 O recurso solar na Argélia [14]**

O depósito solar é um conjunto de dados que descreve a evolução da radiação solar disponível durante um determinado período e que é utilizado para simular o funcionamento de um sistema de energia solar e para o projetar com a maior precisão possível para satisfazer a procura.

É utilizado em domínios tão diversos como a agricultura, a meteorologia, as aplicações energéticas e a segurança pública.

Graças à sua situação geográfica, a Argélia possui um dos maiores depósitos solares do mundo.

no mundo, como mostra a Figura 4.2.

Mais de 2.000 horas de sol em quase todo o país

anualmente e pode atingir 3900 horas (planaltos e Saara).

A energia recebida diariamente numa superfície horizontal de 1 m2 é da ordem dos 5 kWh na maior parte do país, ou seja, quase 1700 kWh/m2/ano no Norte e 2263 kWh/m2/ano no Sul.

O potencial solar do país é superior a 5 mil milhões de GWh.

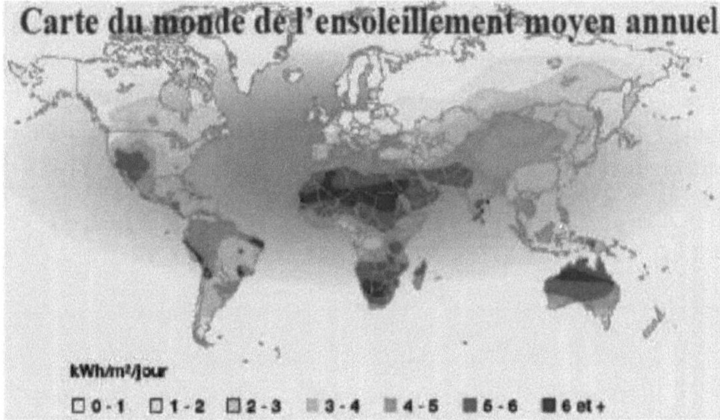

Figura 4.2: Mapa mundial da insolação média anual

Após uma avaliação por satélite, a Agência Espacial Alemã (ASA) concluiu que a Argélia possui o maior potencial solar de toda a bacia mediterrânica: 169 000 TWh/ano para a energia solar térmica e 13,9 TWh/ano para a energia solar fotovoltaica.

O potencial solar da Argélia é equivalente aos 10 grandes depósitos de gás natural que teriam sido descobertos em Hassi R'Mel. A distribuição do potencial solar por região climática na Argélia é apresentada na Tabela 4.1, de acordo com a quantidade de luz solar recebida anualmente.

Quadro 4.1: Potencial solar na Argélia

Regiões	Regiões costeiras	Planaltos de Hants	Saara
Área de superfície (%)	4	10	86
Duração média da luz solar	2650	3000	3500

(h/ano)			
[2]Energia média recebida (kWh/m /ano)	1700	1900	2650

O período médio de insolação no sul da Argélia é de cerca de 3.500 horas/ano, o mais elevado do mundo, com cerca de 9 horas/dia (ver Figuras 4.3 e 4.4), e é ainda superior a 8 horas/dia na maior parte do país. A região sul, em particular o sudeste e o sudoeste, tem o maior potencial em toda a Argélia (ver figuras 4.5 e 4.6).

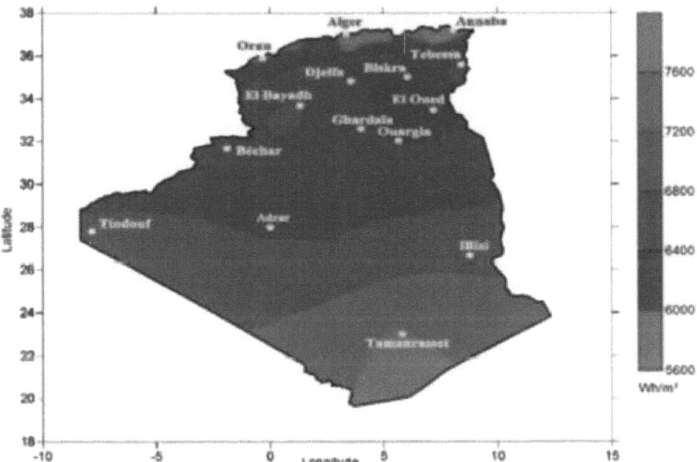

Figura 4.3: Irradiação global média anual recebida sobre uma superfície horizontal Caso de céu totalmente limpo

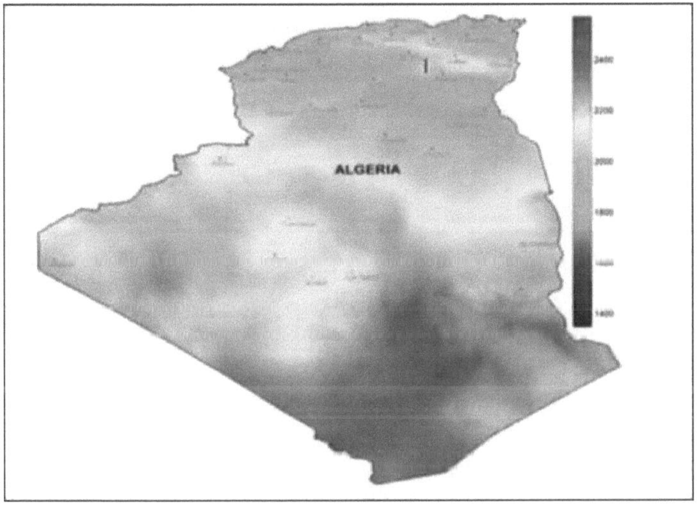

Figura 4.4: Somas médias anuais da irradiação global inclinada.

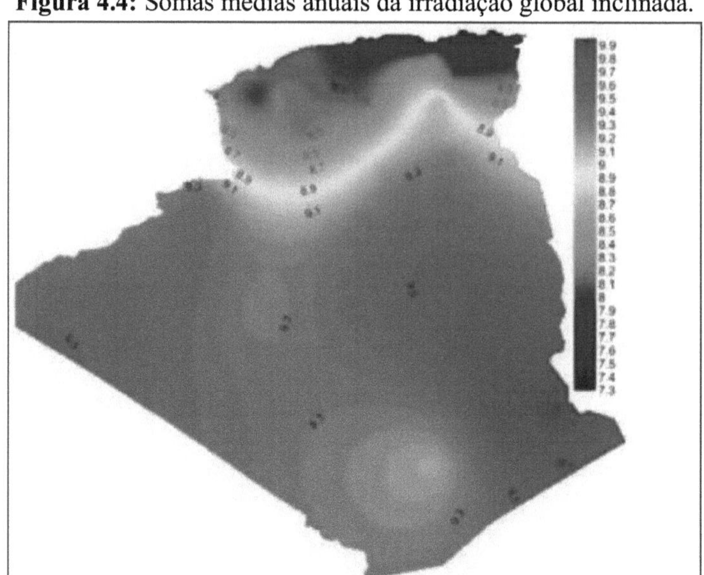

Figura 4.5: Mapa da duração média anual da insolação em horas (1983 -2012)

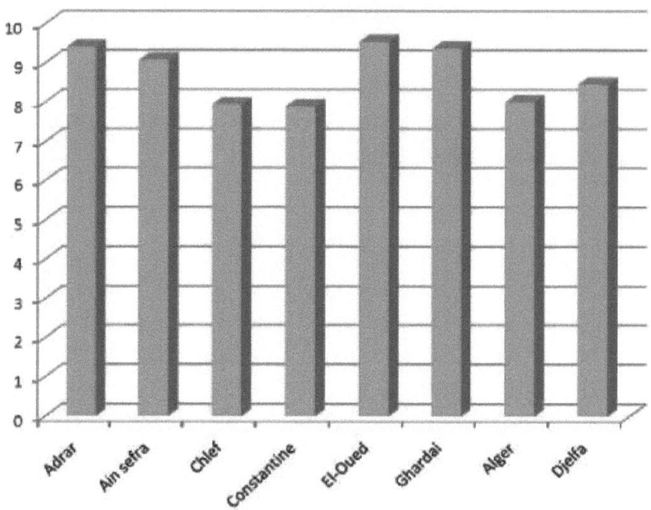

Figura 4.6: Período médio anual de insolação medido

4.3 Tecnologias de células fotovoltaicas [13]

As células solares fotovoltaicas são semicondutores capazes de converter a luz diretamente em eletricidade. Esta conversão, conhecida como efeito fotovoltaico, foi descoberta por E. Becquerel em 1839, mas só quase um século mais tarde é que os cientistas conseguiram explorar e explorar este fenómeno físico.

As células solares foram utilizadas pela primeira vez em aplicações espaciais na década de 1940. A investigação do pós-guerra conduziu a melhorias no desempenho e nas dimensões, mas só com a crise energética da década de 1970 é que os governos e a indústria investiram na tecnologia fotovoltaica e nas suas aplicações terrestres.

Atualmente, os laboratórios de investigação e a indústria trabalham em conjunto para desenvolver novos conceitos e processos que possam melhorar o desempenho elétrico e reduzir o custo das células solares. Desta forma, os módulos fotovoltaicos modernos, constituídos por células interligadas, demonstraram amplamente a sua eficiência e elevada fiabilidade. Além disso, o seu campo de aplicação está em constante expansão, desde a bombagem à iluminação, sem esquecer todas as aplicações da eletrónica de bolso.

Os diferentes tipos de células solares

Existem diferentes tipos de células solares (ou células fotovoltaicas), e cada tipo tem a sua própria eficiência e custo. No entanto, qualquer que seja o seu tipo, a sua eficiência continua a ser bastante baixa: de 8 a 23% da energia que recebem.

Atualmente, existem três tipos principais de células:

- Células monocristalinas: São as mais eficientes (12 - 16%; até 23% em laboratório), mas também as mais caras, porque o seu fabrico é muito complicado.

- Células policristalinas: São mais fáceis de conceber e menos dispendiosas de fabricar, mas o seu rendimento é inferior: 11% - 13% (18% em laboratório).

- Células amorfas: Têm uma eficiência baixa (8% - 10%; 13% em laboratório), mas requerem apenas camadas muito finas de silício e são pouco dispendiosas. São normalmente utilizadas em pequenos produtos de consumo, como calculadoras solares e relógios.

- [eme]As células de 3 geração atualmente em desenvolvimento no laboratório têm um rendimento superior, mas ainda não foram industrializadas.

A nossa procura do máximo desempenho levou-nos, por isso, a adquirir células monocristalinas, que oferecem a melhor eficiência em condições reais.

Desempenho

Tensão: Uma célula fotovoltaica produz uma tensão praticamente constante de 0,5V. Esta corresponde à tensão de corte de um díodo, uma vez que, como veremos mais adiante, uma célula solar pode ser comparada a uma junção PN. Para obter uma tensão mais elevada, será portanto necessário ligar estas células em série, formando assim um "módulo". No entanto, é preciso ter em conta que uma temperatura demasiado elevada pode reduzir a tensão fornecida por uma célula.

Intensidade: A intensidade fornecida por uma célula depende da luminosidade circundante e do tamanho do painel solar a ela ligado. Quanto maior for o painel, maior será a intensidade fornecida. [2]A potência fornecida por um painel é geralmente medida em "watt-creta", e isto em condições óptimas de funcionamento, ou seja, ao sol, ao meio-dia, com tempo frio e céu limpo (a intensidade máxima do sol nesta altura é de 1.000 W/m).

4.4 Módulos fotovoltaicos

- 1 o efeito fotovoltaico :

Quando um material é exposto à luz solar, os átomos expostos à radiação são "bombardeados" pelos fotões que constituem a luz; sob a ação deste bombardeamento, os electrões das camadas electrónicas superiores (chamados electrões da camada de valência) tendem a ser "arrancados":

Se o eletrão voltar ao seu estado inicial, a agitação do eletrão provoca o aquecimento do material. A energia cinética do fotão é transformada em energia térmica.

Nas células fotovoltaicas, por outro lado, alguns dos electrões não regressam ao seu estado inicial. Os electrões "desligados" criam uma baixa tensão contínua. Uma parte da energia cinética dos fotões é assim convertida diretamente em energia eléctrica: é o efeito fotovoltaico.

O efeito fotovoltaico é a conversão direta da energia da radiação solar em energia eléctrica. O termo "fotovoltaico" vem do grego "phos", que significa luz, e "voltaico", uma palavra derivada do físico italiano Alessandro VOLTA, conhecido pelos seus trabalhos sobre eletricidade.

- A célula fotovoltaica: [11] [12]

Princípio de funcionamento de uma célula fotovoltaica :

Consideremos uma junção p-n e fechemos os seus eléctrodos com um curto-circuito. Sabemos que, nestas condições, de um lado e de outro da junção, numa espessura pequena mas finita, existe uma zona deserta na qual há um campo elétrico intenso produzido por uma diferença de potencial (pd) de algumas décimas de volt. Nenhuma corrente flui no circuito externo.

Se um fotão incidente gerar um par eletrão-buraco na zona deserta, sob o efeito do campo elétrico estes portadores mover-se-ão em direcções opostas um ao outro e juntar-se-ão aos portadores maioritários do mesmo sinal nas regiões P e N. Isto corresponde a uma corrente que flui através da junção na direção de difícil condução. Se forem absorvidos P fotões por unidade de tempo, e tendo em conta os pares inevitáveis produzidos na vizinhança da zona deserta que são susceptíveis de se difundirem e recombinarem, a densidade de corrente será da forma

$$(4.1)$$

Com

$^{-23-19}$K: constante de Boltzmann: $1,38*10$ J/°K. e: carga do eletrão: $1,6*10$ C.

Se uma f.m.e. for adicionada ao circuito, a corrente total consumida será da forma

$$(4.2)$$

Com

J_0 a densidade de corrente inicial.

T: temperatura da junção em graus Kelvin

Variando V em magnitude e sinal, obtém-se a caraterística abaixo. Pode ser facilmente traçada arrastando a caraterística de obscuridade por uma quantidade.

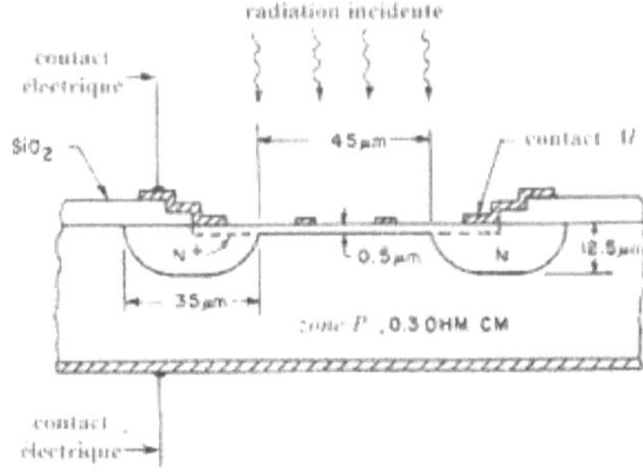

Figura 4.7: Secção transversal de uma célula solar

Este efeito necessita, portanto, de uma barreira de potencial para se manifestar. Na prática, é produzida uma junção p-n, cuja caraterística essencial é ter uma forma muito assimétrica e, sobretudo, uma zona n muito fina, de modo a que a zona de carga espacial esteja muito próxima da superfície, a fim de obter a máxima eficiência.

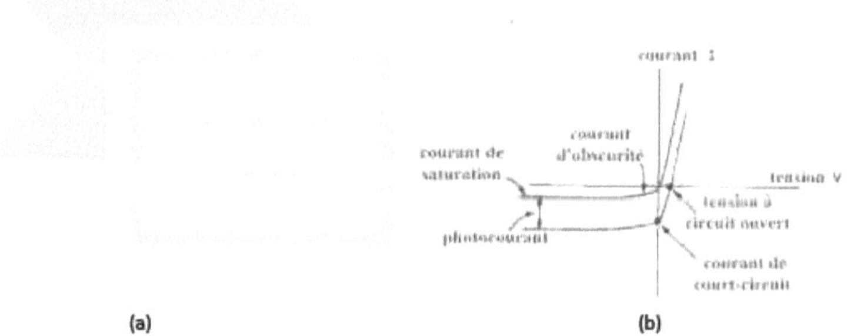

Figura 4.8: a) Princípio do fotodíodo, b) Característica I=f(V) de um fotodíodo

A relação que dá a fotocorrente num circuito aberto é

$$I = h\,e\,N_1\,G \tag{4.3}$$

Ou

h : é a *eficiência quântica,* ou seja, o número de portadores em excesso produzidos por fotão absorvido,

NI: o número de fotões de comprimento de onda l absorvidos por unidade de tempo G: o ganho fotocondutor que representa o rácio entre o tempo de vida de um portador e o tempo de trânsito ao longo do comprimento da amostra, mas aqui com um ganho unitário, uma vez que todos os portadores gerados atravessarão a barreira.

Além disso, dado o espetro solar, que tem uma certa largura e um elevado grau de inomogeneidade, como mostra a figura do início do capítulo, esta relação terá de ser integrada em toda a gama de comprimentos de onda.

Tal como numa junção p-n, a corrente contínua é expressa de acordo com a relação

$$I_d = I_s \left[exp\left(\frac{e\,V}{K\,T} \right) - 1 \right] \tag{4.4}$$

Estas células podem ser utilizadas de duas formas diferentes: em série com uma fêmea como detetor de radiação infravermelha (fotodíodos Ge) ou como gerador, ligando-as a uma carga R.

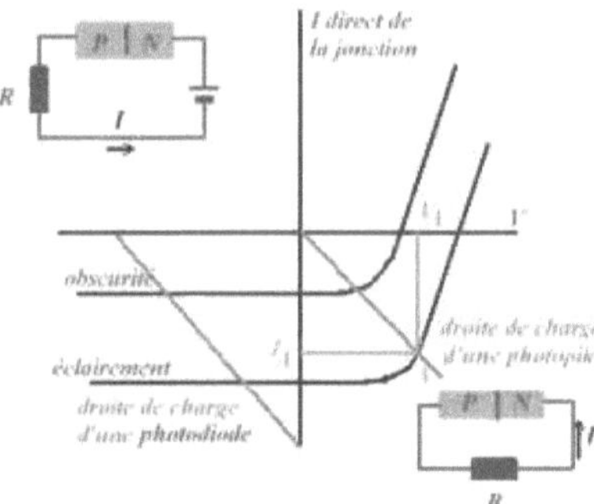

Figura 4.9: As zonas de funcionamento de uma célula fotovoltaica

Neste último caso, a luz solar é sempre utilizada como energia de excitação. Na prática, devem ser ligados à carga óptima correspondente ao ponto A do gráfico, ou seja, a resistência R deve ser tal que R = VA/JA, o que infelizmente não é frequente.

Em todos os casos, para obter os melhores rendimentos, é necessário que os pares de electrões do buraco sejam libertados na zona desertificada ou na sua vizinhança imediata. Esta condição nunca pode ser perfeitamente satisfeita. O ótimo é alcançado dobrando a junção a uma distância mínima da zona iluminada. Além disso, a resistência da célula (resistência interna do gerador equivalente) deve permanecer baixa, o que limita a extensão das zonas iluminadas.

A célula fotovoltaica (PV) é uma fonte de energia não linear que pode ser representada pelo diagrama elétrico equivalente da Figura (4.5).

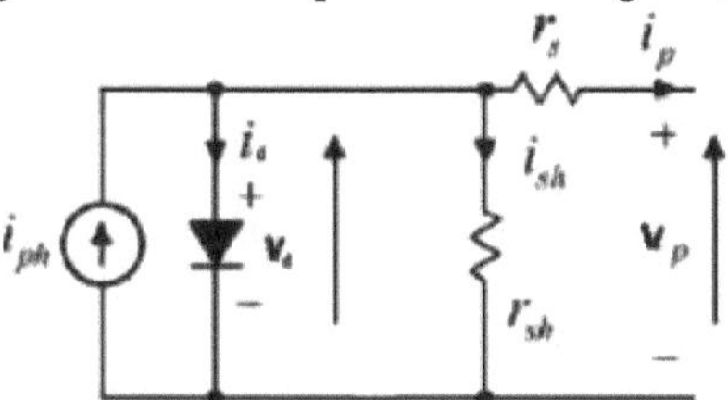

Figura 4.10: Diagrama elétrico equivalente da célula fotovoltaica

Com:

rsh : Resistência shunt que tem em conta a inevitável fuga de corrente entre a rede do coletor e a corrente de retorno das células.

rs: Resistência em série devida essencialmente à resistência de contacto das grelhas do coletor com a superfície da célula e à resistência do material que constitui as células.

Estudando a física de uma célula solar, podemos obter a equação de corrente da carga:

$$i_p = i_{ph} - i_d - i_{sh} \qquad (4.5)$$

Com :

ip : A corrente fornecida pela célula solar.

iph: Fotocorrente, criada por fotões solares de energia superior à do fosso.

id: Corrente do díodo.

ish: A corrente que flui através da resistência de derivação.

n : Correspondente ao fator ideal, representa o desvio do
em comparação com um díodo ideal ;

Ou a corrente de saída pode ser expressa pela equação (4.7).

$$I_p = I_{ph} - I_0 \left(\exp \frac{q(V_p + R_s I)}{n k T} - 1 \right) - \frac{V_p + R_s I}{R_{sh}} \qquad (4.6)$$

Em que Vp é a tensão de saída.

- A influência da iluminação e da temperatura no funcionamento de uma célula fotovoltaica [11].

1. A influência da irradiação solar no funcionamento de uma célula fotovoltaica

A energia eléctrica produzida por uma célula fotovoltaica depende da iluminação que recebe na sua superfície. A figura abaixo mostra as características corrente-tensão de uma célula solar fotovoltaica em função da irradiância, a uma temperatura e caudal de ar constantes. Observa-se que a tensão V_{max}, que corresponde à potência máxima, varia muito pouco em função da irradiância, ao contrário da corrente I_{max}, que aumenta acentuadamente com a irradiância.

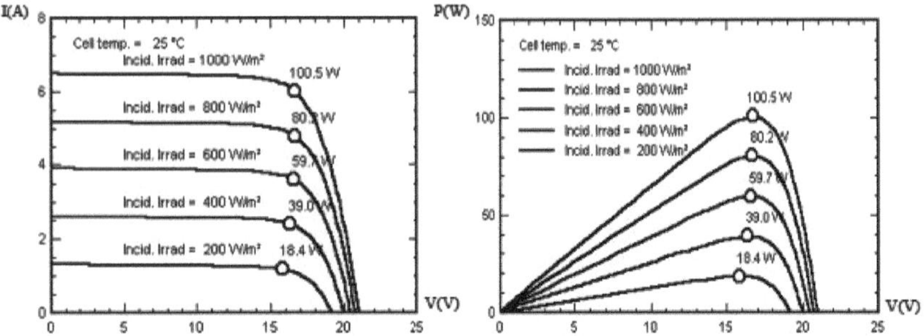

Figura 4.11: A influência da irradiação solar no funcionamento de um módulo fotovoltaico

2. A influência da temperatura no funcionamento de uma célula fotovoltaica

As características eléctricas de uma célula FV dependem da temperatura da junção na superfície exposta. O comportamento da célula fotovoltaica em função da temperatura é complexo.

[2]No caso das células de silício, a corrente aumenta em cerca de 0,025 mA / cm ∙ °C, enquanto a tensão diminui em 2,2 mV / °C. A queda global da potência é de cerca de 0,4% / °C. Assim, quanto maior for a temperatura, menor será o desempenho da célula.

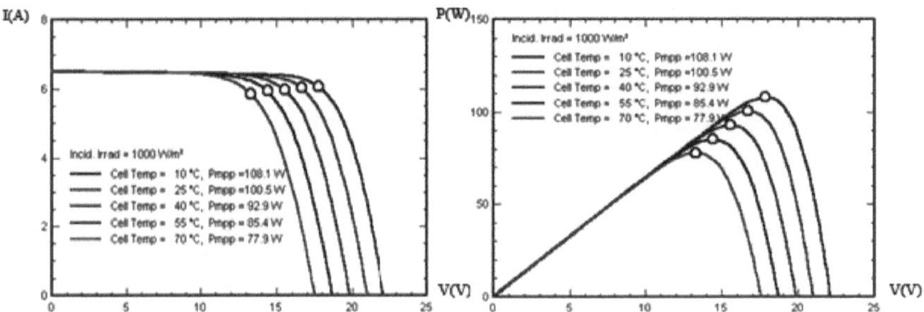

Figura 4.12: A influência da temperatura no *funcionamento de* um módulo fotovoltaico

- Associações de células fotovoltaicas [11]

De facto, a associação de células fotovoltaicas é análoga à associação de geradores de corrente:

> Em série, as suas tensões acumulam-se,

> Ao mesmo tempo, as suas correntes somam-se.

No entanto, o seu funcionamento é alterado se uma das células associadas for obscurecida (sombra, por exemplo).

1. **Associação em série de células fotovoltaicas**

2. Se as células forem montadas em série, a tensão através do conjunto é igual à soma das tensões fornecidas por cada uma das células.

$$_cU = S_{?=1}\, y \quad (4.7)$$

U (V), Volt: Tensão terminal do conjunto.

u_c (V), Volt: Tensão nos terminais da célula com índice "c".

Neste caso, a corrente que flui através das células é a mesma, mas as células podem funcionar com tensões diferentes.

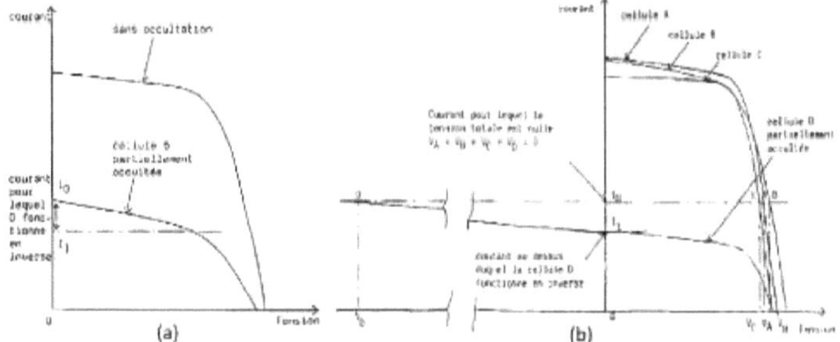

Figura 4.13: a). Funcionamento de células em série, características I-V do conjunto. **b). Funcionamento** de 4 células em série, uma delas parcialmente ocluída.

Se uma célula estiver bloqueada (se receber apenas uma pequena parte da energia solar recebida pelas células vizinhas), só pode fornecer uma corrente limitada. Funciona, portanto, em sentido inverso (como um recetor sujeito a uma tensão oposta à tensão direta) às outras células do módulo, que fornecem uma corrente que ultrapassa este limite. Ao funcionar desta forma, a célula aquece e pode avariar-se.

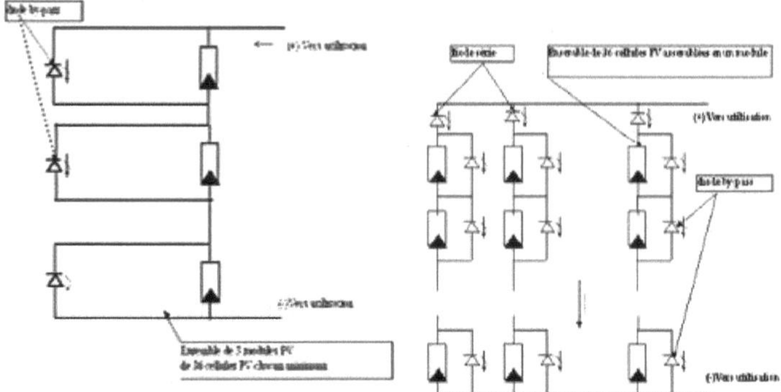

Figura 4.14: Esquema elétrico equivalente do conjunto em série

A investigação sobre este assunto mostrou que, no caso das células fotovoltaicas de silício, acima de uma tensão inversa de 20 V, a probabilidade de uma rutura da célula (destruição da junção eléctrica) torna-se significativa. Para limitar a tensão inversa máxima que se pode desenvolver nos terminais de uma célula, **os fabricantes de módulos fotovoltaicos colocam um díodo paralelo, chamado díodo de bypass, em cada 18 a 36 células (consoante a aplicação).**

3. **Associação paralela de células fotovoltaicas**

No caso de um circuito paralelo, a corrente total será igual à soma das correntes produzidas por cada célula.

$$I = \textstyle\sum = 1/_C \tag{4.8}$$

I(A), Ampere: Corrente que flui através do conjunto.

I_C (A), Ampere: Corrente que circula em cada célula de índice "c".

No caso de uma combinação paralela, as células fornecem a mesma tensão, mas podem funcionar com correntes diferentes.

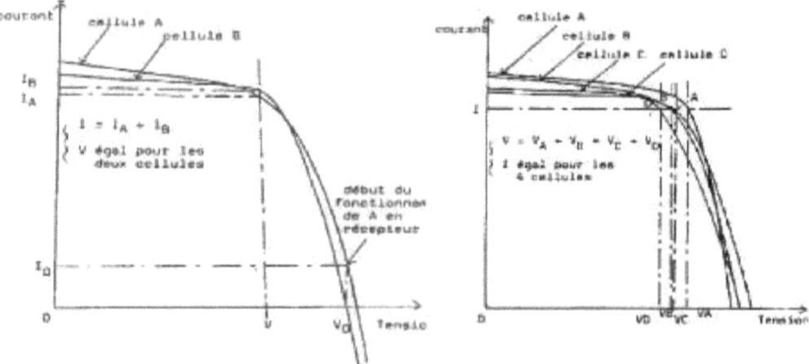

Figura 4.15: Curva caraterística de um conjunto paralelo

No entanto, se uma ou mais células forem apagadas, as outras tornam-se receptivas porque a tensão de funcionamento é superior à tensão de circuito aberto. Embora uma célula possa dissipar uma grande corrente, é preferível dispor de um díodo anti-retorno, que evita também que uma parte da energia produzida pelas células que funcionam normalmente seja desperdiçada noutra célula apagada. Para limitar estas perdas e proteger as células, coloca-se um díodo em série, chamado díodo em série, em cada n células (sendo n uma função das características do circuito).

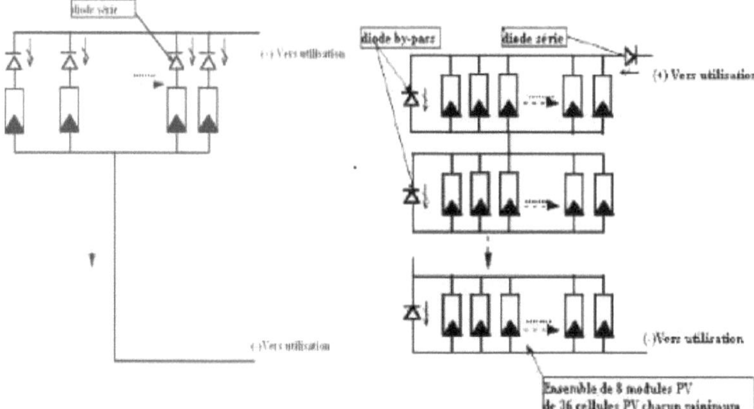

Figura 4. 16: Esquema elétrico equivalente do conjunto paralelo

A fim de limitar as perdas de potência nestes díodos, os fabricantes utilizam geralmente díodos Schottky (por exemplo, séries 1 N 5817, 18 e 19 para correntes da ordem de 1 A, e SD 51 ou MBR 340 M para correntes de 20 A ou mais) cujas quedas de tensão em funcionamento direto são frequentemente inferiores a 0,4 V (11).

- Utilização de díodos de derivação e em série [11].

Os díodos de derivação para proteção das combinações de células em série estão montados :

> Pelos fabricantes quando as células são montadas em série (para proteger as células). Serão inseridos nas caixas de ligação das células em cada módulo aquando do seu fabrico.

> Pelos instaladores quando combinam módulos em série em caixas de derivação. Díodos de proteção de associação em paralelo:

> Não são instalados pelos fabricantes quando as células são combinadas em paralelo (não é necessário proteger uma célula oculta num módulo, dadas as baixas correntes envolvidas).

> São montados pelos instaladores quando combinam módulos em paralelo em caixas de derivação para módulos ocultos num conjunto de módulos.

4.5 MPPT (Seguimento do ponto de potência máxima)

Existem cerca de vinte métodos para seguir o ponto de potência máxima de um campo de módulos (Maximum Power Point Tracking), com diferentes graus de eficiência e rapidez.

A unidade de controlo do conversor de potência assegura que o gerador fotovoltaico funciona no ponto de funcionamento ideal (ponto de potência máxima ou MPP*) para garantir a produção máxima de energia eléctrica.

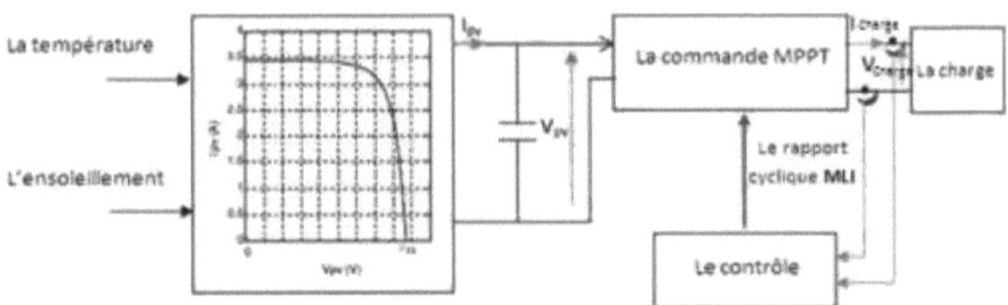

Figura 4. 17: Controlo MPPT dos parâmetros de saída

Os dois métodos mais utilizados são o HillClimbing e o P&O (Perturb and Observe). Estes dois métodos funcionam com base no mesmo princípio, que consiste em perturbar o funcionamento do sistema e, em seguida, analisar a forma como o sistema reage a esta perturbação: modificação do ciclo de trabalho de corte para o método Hill-Climbing, modificação da tensão nos terminais do conjunto de módulos fotovoltaicos para o método P&O. A modificação da eficiência de conversão do inversor perturba a corrente contínua proveniente dos módulos e, consequentemente, a tensão nos seus terminais e a potência instantânea fornecida.

Estes dois métodos baseiam-se, portanto, no controlo da potência instantânea fornecida pelo conjunto de módulos FV em função das variações da tensão CC no conjunto FV (fluxograma 1 e figuras 4.18).

Fluxograma 1: Princípio do algoritmo Hill-Climbing e P&O

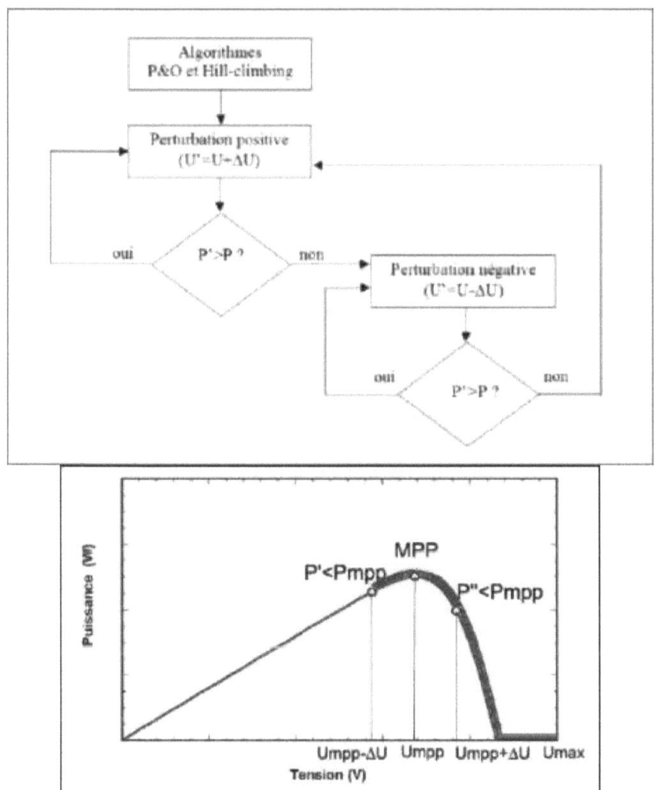

Figura 4.18: Ilustração do algoritmo Hill-Climbing e P&O

Outros métodos para encontrar o ponto de potência máxima (MPP) incluem :

\- O método IncCond (Incremental Conductance), que consiste em comparar a condutância incremental AI/AU com o rácio -I/U: AI/AU= I/U no MPP, >-I/U à esquerda do MPP e <-I/U à direita do MPP.

\- O método da tensão de circuito aberto fraccionada, baseado na proporcionalidade entre a tensão de circuito aberto (Vco) e a tensão no ponto de potência máxima (Vmpp).

\- O método da corrente de curto-circuito fraccionada baseia-se na proporcionalidade entre a corrente de curto-circuito (Icc) e a corrente no ponto de máxima potência (Impp).

\- Controlo Lógico Fuzzy do MPP

\- Controlo MPP baseado em redes neuronais

\- O método RCC (Ripple Correlation Control), que consiste em analisar as interferências causadas pelo inversor na tensão e na corrente do conjunto de módulos FV.

\- O método Current Sweep, que calcula periodicamente as características tensão-corrente do conjunto de módulos fotovoltaicos e determina o MPP.

- O método de controlo da inclinação do condensador de ligação CC

- O método de Maximização da Corrente de Carga ou da Tensão de Carga baseia-se no facto de que se a potência de saída do inversor for máxima, então o conjunto de módulos FV está a funcionar no seu MPP*.

- O método de controlo de feedback dP/dV ou dP/dI, que consiste em analisar o declive da curva potência-tensão do conjunto de módulos FV (zero no ponto de potência máxima, positivo antes do MPP e negativo depois).

4.6 Características e conectores fotovoltaicos [11]

Sob iluminação, a caraterística I(V) do fotodíodo já não passa pela origem das coordenadas, existindo uma região em que o produto (V*I) é negativo e o díodo fornece energia. Se nos limitarmos a esta região ativa e contarmos a corrente inversa positivamente,

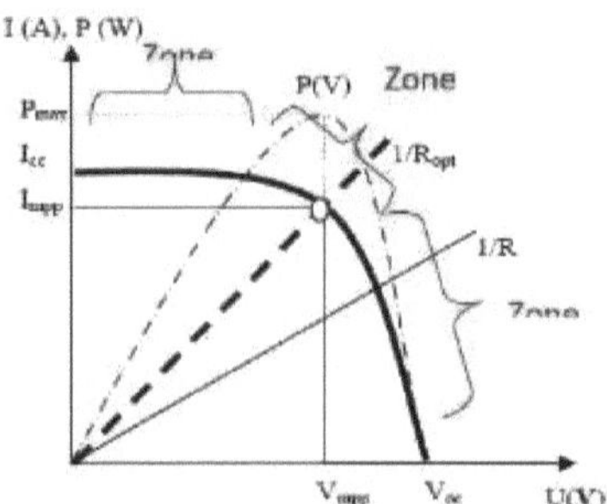

Figura 4.19: A caraterística I(V) de um módulo fotovoltaico

A caraterística *I(V)* de um gerador fotovoltaico pode ser dividida em 3 zonas Figura (4.) :

• Uma zona semelhante a um gerador de corrente *Icc* proporcional à irradiação. A admitância interna pode ser modelada por: (1 / Rsh) (*Zona 1*).

• Uma zona semelhante a um gerador de tensão *vc0* com uma impedância interna equivalente a *RS* (*Zona 2*).

• Uma zona onde a impedância interna do gerador varia muito acentuadamente de *RS* para *RSH* (*Zona 3*).

A zona 3 é o ponto de funcionamento em que a potência fornecida pelo gerador é máxima. Este ponto é designado por ponto de potência óptima, caracterizado pelo binário (*Impp*, *Vmpp*), e apenas uma carga cujas características passam por este ponto pode extrair a potência máxima disponível nas condições em questão, daí o conceito de RASTREAMENTO DA POTÊNCIA ÓPTIMA DO PAINEL SOLAR.

4.7 O inversor [13]

Há mais de 10 anos que o mercado mundial de sistemas fotovoltaicos está a crescer a uma taxa muito elevada de cerca de 30 a 40% por ano. Este crescimento excecional, que se deve principalmente aos sistemas fotovoltaicos ligados à rede de distribuição de eletricidade, reflecte-se evidentemente nas inovações tecnológicas e na redução dos custos dos módulos fotovoltaicos, bem como nos grandes esforços de investigação e desenvolvimento no domínio da eletrónica de potência.

O desempenho técnico e a fiabilidade dos inversores utilizados para ligar os módulos fotovoltaicos à rede eléctrica podem ter um impacto importante na produção anual de eletricidade e, por conseguinte, na rentabilidade financeira de um sistema.

4.7.1 Função

Um inversor é um dispositivo para transformar energia eléctrica DC em AC. São utilizados em engenharia eléctrica para :

- Fornecem tensões ou correntes alternadas de frequência e amplitude variáveis.

Por exemplo: é o caso dos inversores utilizados para alimentar motores de corrente alternada que têm de funcionar a uma velocidade variável, por exemplo (a velocidade está ligada à frequência das correntes que atravessam a máquina).

- Fornecem uma ou mais tensões CA de frequência e amplitude fixas.

Por exemplo: É o caso, nomeadamente, das fontes de alimentação de emergência destinadas a substituir a rede eléctrica em caso de falha da rede, por exemplo. A energia armazenada nas baterias de reserva é reposta sob a forma de corrente contínua, pelo que o inversor é necessário para recriar a tensão e a frequência da rede.

É feita uma distinção entre inversores de tensão e inversores de corrente, consoante a fonte de entrada CC: fonte de tensão ou fonte de corrente. A tecnologia dos inversores de tensão é a mais conhecida e é utilizada na maioria dos sistemas industriais, em todas as gamas de potência (de alguns Watts a vários MW).

4.7.2 Princípio

Os inversores concebidos para sistemas fotovoltaicos são um pouco diferentes dos inversores convencionais utilizados na engenharia eléctrica, mas o objetivo da conversão CA/CC é o mesmo. A principal caraterística do inversor fotovoltaico é a procura do melhor ponto de funcionamento do sistema.

De facto, o gerador FV (conjunto de módulos FV) tem uma curva caraterística IV não linear (Figura 4.20).

Para uma dada iluminação e temperatura, a tensão em circuito aberto ou com uma carga elevada é mais ou menos constante (semelhante a uma fonte de tensão), enquanto que em curto-circuito ou com uma carga baixa a corrente é praticamente constante (fonte de corrente). O gerador não é, portanto, nem uma fonte de tensão nem uma fonte de corrente.

A tensão de circuito aberto é sensível à temperatura e diminui com o aumento da temperatura. A corrente de curto-circuito é proporcional à iluminação: aumenta à medida que a iluminação aumenta.

O melhor ponto de funcionamento do sistema corresponde ao ponto desta curva onde a potência, o produto da tensão e da corrente, é maximizada. Está localizado no meio da caraterística (Figura 4.20).

Em condições de estado estacionário, assume-se que a tensão e a corrente do transdutor são constantes. A utilização de um inversor de tensão em vez de um inversor de corrente é então essencialmente motivada por razões tecnológicas.

O inversor de tensão impõe à sua saída um sistema de tensões sob a forma de picos modulados por largura de impulso (PWM). Estas cristas não representam qualquer problema para alimentar um motor, mas são incompatíveis com as tensões sinusoidais da rede eléctrica.

É então colocada uma indutância entre cada saída do inversor e cada fase da rede (inversor monofásico ou trifásico), que actua como um filtro e permite ao inversor fornecer correntes quase sinusoidais à rede: de um ponto de vista formal, transforma o inversor de tensão num inversor de corrente (Figura 4.21).

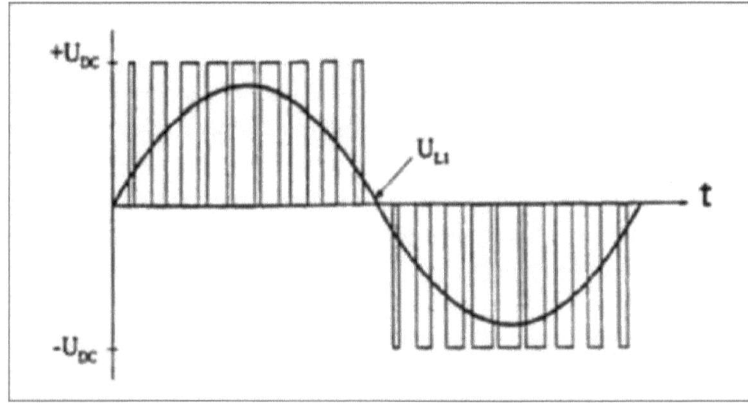

Figura 4.20: Filtragem da tensão pelo indutor de saída

UDC corresponde à tensão através do condensador de entrada de um circuito simples (figura 4.20) e UL1 à tensão injectada na rede, ou seja, à frequência de 50 Hz.

Principais tipos de inversores disponíveis

Os inversores são estruturas em ponte geralmente compostas por interruptores electrónicos, como os IGBT (transístores de potência). No caso normal, por meio de um conjunto de interruptores adequadamente controlados, na maioria das vezes utilizando PWM, a energia eléctrica CC fornecida é modulada para obter um sinal CA na frequência da rede.

Existem muitos circuitos electrónicos para conversão de energia eléctrica:

O circuito mais simples é constituído por tirístores. Esta tecnologia foi utilizada nos primeiros inversores fotovoltaicos (e ainda está disponível em monofásico e trifásico).

Embora pouco dispendioso, tem uma corrente de saída mais ou menos retangular que induz potência reactiva e harmónicas que afectam a eficiência do inversor e podem perturbar a rede.

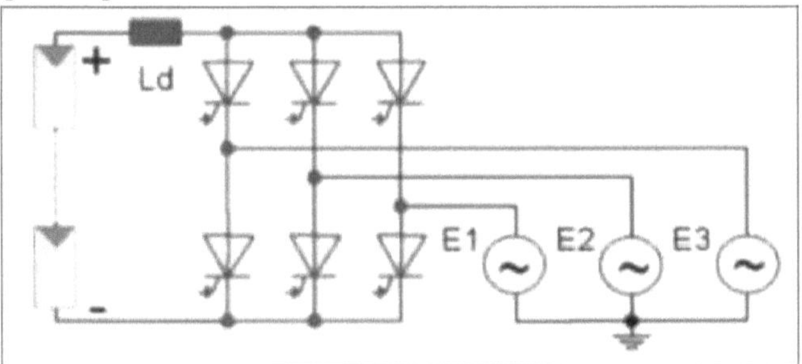

Figura 4. 21: Circuito com tirístores

A figura 4.22 mostra um exemplo de um circuito simples constituído por uma ponte de transístores controlada por PWM. O sinal alternado obtido é então filtrado pela indutância Ld situada antes do transformador (ou Lac nos outros esquemas), a fim de obter um sinal alternado sinusoidal à frequência da rede.

Este sinal é então ajustado à tensão da rede por um transformador de 50 Hz, que também fornece isolamento galvânico para o circuito.

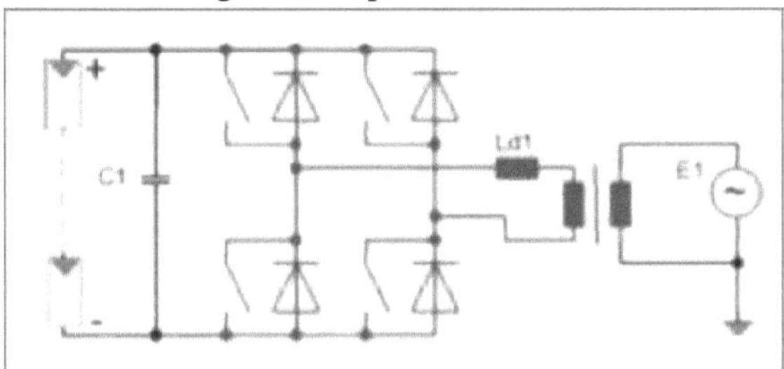

Figura 4.22: Circuito simples utilizando uma ponte de transístores

Para trabalhar com uma gama mais alargada de tensões de entrada, pode ser adicionado um conversor boost à entrada da ponte.

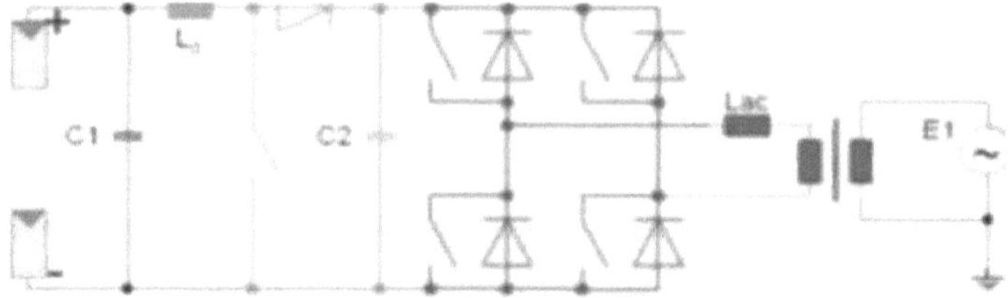

Figura 4.23: Circuito em ponte de transístores com conversor boost

O conjunto representado na figura 4.24 é composto por 3 etapas diferentes. É constituído por um transformador de alta frequência que adapta a tensão de entrada, reduzindo o peso do inversor. O sinal de saída é alternado. Um retificador converte-o em corrente contínua. A ponte de saída utiliza a modulação de amplitude para transformar o sinal CC num sinal CA sinusoidal adaptado à frequência da rede.

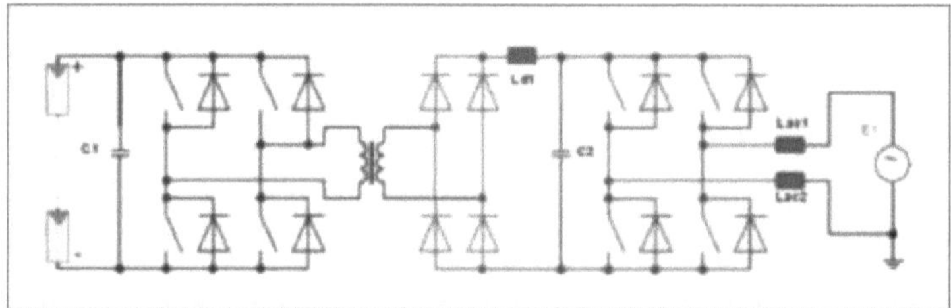

Figura 4.24: Circuito de 3 fases com transformador de alta frequência*.

O circuito apresentado na figura 4.25 é composto por 4 etapas. Este circuito requer o controlo de 7 interruptores, em comparação com os 8 do circuito da figura 6. É constituído por um conversor abaixador, um circuito push-pull seguido de um retificador e uma ponte de saída.

O "conversor abaixador + transformador push-pull" permite que a tensão de entrada seja adaptada. Isto permite que o inversor tenha uma gama mais alargada de tensões de entrada possíveis e, por conseguinte, maior flexibilidade quando combinado com módulos fotovoltaicos. O retificador "rectifica" a tensão na saída push-pull e a ponte de saída utiliza a modulação de amplitude para transformar este sinal DC num sinal AC sinusoidal adaptado à frequência da rede.

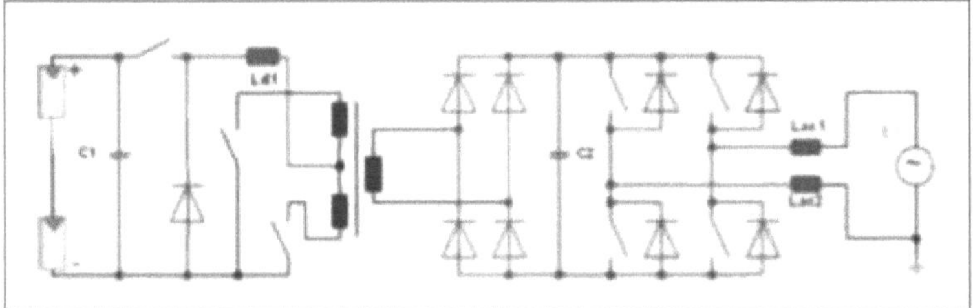

Figura 4.25: Circuito push-pull de 4 fases

Finalmente, o circuito mostrado na Figura 4.26 é um exemplo simples da tecnologia de inversor sem transformador. Ao eliminar o transformador, que gera perdas significativas no circuito durante a conversão de energia, a eficiência pode ser aumentada.

No entanto, devemos ter em conta os problemas de compatibilidade electromagnética que o transformador eliminou por isolamento galvânico.

Neste circuito, S1 (para correntes positivas e negativas) e S2 (para correntes positivas) são controlados a alta frequência e os outros comutadores a 50Hz (frequência da rede). Para tensões de entrada mais elevadas, S1 pode ser controlado sozinho a alta frequência e os outros 4 a 50Hz para formar um conversor descendente e um conversor push-pull.

Em ambos os casos, a desvantagem deste circuito é a tensão muito elevada aplicada através dos interruptores.

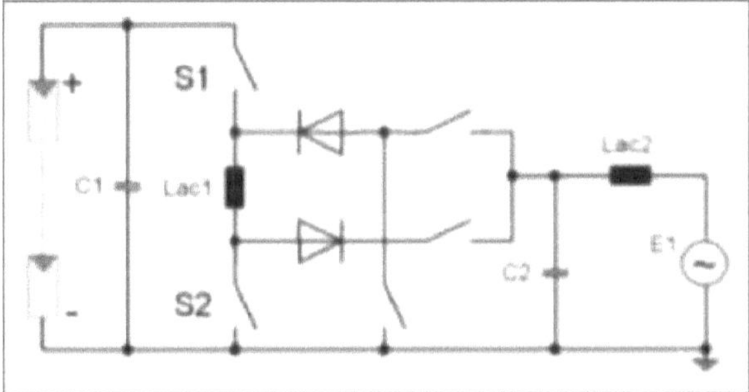

Figura 4.26: Circuito inversor sem transformador* com topologia Karschny

Papel do condensador de entrada

Todos os circuitos apresentados têm um condensador de referência C1 de elevada capacidade na entrada, o que é muito importante para os inversores fotovoltaicos manterem um ponto de funcionamento estável.

Actua como um armazenador de energia e filtra as flutuações de tensão causadas pela comutação. Desta forma, garante que a corrente flui uniformemente do gerador fotovoltaico para a rede, mantendo a tensão constante.

Os condensadores electrolíticos de alumínio (electroquímicos) são utilizados em aplicações de corrente contínua ou de muito baixa frequência e são os mais comuns nos sistemas fotovoltaicos. Têm valores de capacitância elevados e baixa resistência em série.

4.7.3 Características e desempenho

Saída máxima :

A eficiência dos inversores tem vindo a aumentar de forma constante nos últimos anos. Esta melhoria está, naturalmente, a ajudar a baixar o custo da eletricidade gerada por energia fotovoltaica.

Há 15 anos, 90% era considerada uma eficiência muito boa para os sistemas fotovoltaicos. Atualmente, os melhores inversores atingem eficiências máximas de 98% e a média é de 95,2%.

A outra melhoria notável é a "Eficiência Europeia", que tem em conta a eficiência em carga parcial do inversor. Devido à fraca eficiência em carga parcial, o valor da Eficiência Europeia é inferior ao valor da eficiência máxima. Há 15 anos, podia ser até 5% inferior à eficiência máxima, enquanto atualmente a diferença é de 1 a 2%, para os melhores modelos.

O rendimento médio europeu dos inversores no mercado em 2007 foi de 94,4%.

De um ponto de vista técnico, deveria ser possível reduzir esta diferença para 0,5%, optimizando a eficiência em carga parcial.

A eficiência máxima também deverá aumentar para 99% nos próximos anos. Um aumento de 1% (de 98% para 99%) na eficiência significa que as perdas de calor são reduzidas para metade em 2, o que é extremamente importante para melhorar a vida útil dos componentes e, por conseguinte, dos inversores.

A menor perda de calor também significa que já não são necessários sistemas de arrefecimento e que as caixas dos inversores podem ser reduzidas em tamanho.

Esta melhoria da eficiência pode ser conseguida através da otimização dos componentes utilizados para minimizar as perdas de calor.

Prosseguem as investigações sobre os primeiros transístores de potência em nanotubos. Poderão substituir os transístores IGBT e reduzir consideravelmente as perdas, que já são baixas com os IGBT.

Uma forma de reduzir as perdas nos transístores é montar vários deles em paralelo em vez de apenas um, de modo a reduzir as perdas durante o funcionamento em carga parcial.

Gama de tensão de entrada

Alguns fabricantes optaram por alargar a gama de tensões de entrada do inversor como forma de melhorar os seus novos produtos. Uma vasta gama de tensões de entrada facilita a escolha do inversor aquando do dimensionamento do sistema e facilita a gestão de stocks para o fabricante.

Um módulo fotovoltaico a mais ou a menos no sistema já não põe necessariamente em causa a escolha do inversor.

No entanto, não é suficiente ter uma tensão de saída do gerador dentro da gama de tensão de entrada do inversor para obter a máxima eficiência. É possível otimizar a relação, como mostram os gráficos da figura 12.

No entanto, não é possível afirmar que uma tensão mais elevada é mais adequada do que uma tensão mais baixa, uma vez que a resposta depende demasiado da topologia do circuito do inversor, como se pode ver na figura 4.27.

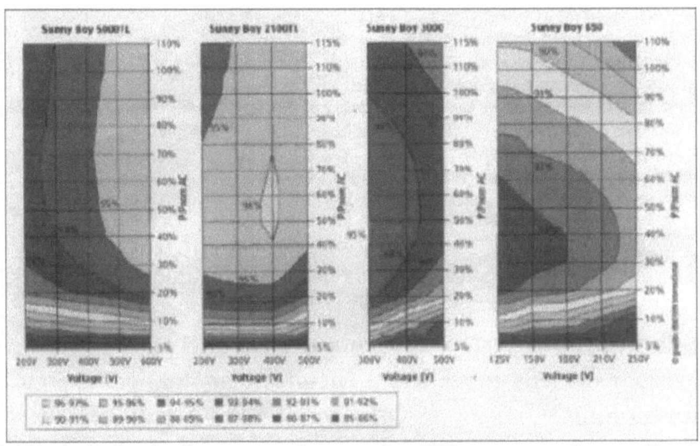

Figura 4.27: Influência da tensão do gerador FV na gama de tensão de entrada do inversor

Alguns fabricantes optaram por utilizar conversores boost para alargar esta gama de entrada. Estes convertem pequenas tensões de entrada e altas correntes em altas tensões e baixas correntes. O inversor não necessita de um transformador potente. É mais fácil melhorar a eficiência quando se trabalha com correntes baixas porque as perdas são menores.

são menos importantes, mesmo que o próprio conversor cause algumas perdas.

No entanto, o entusiasmo dos fabricantes é travado pela eficiência. De facto, parece que os inversores fotovoltaicos tendem a funcionar com elevada eficiência numa gama bastante estreita de tensões de entrada.

Assim, seria bastante provável o desenvolvimento de uma tendência oposta: o desenvolvimento de inversores optimizados para trabalhar numa gama reduzida de tensões de entrada, mas perfeitamente adaptados ao sistema.

Esperança de vida

A garantia de 5 anos para os produtos tornou-se a norma dos fabricantes, ao passo que, há alguns anos, era de apenas 2 anos.

É possível prolongar a garantia até 10 anos, ou mesmo 20 anos, consoante o fabricante. Este prolongamento da vida útil é o resultado da utilização de componentes de maior qualidade, sobredimensionados ou mais resistentes ao aumento da temperatura.

4.8 Exemplo de uma instalação fotovoltaica [15].

Uma instalação fotovoltaica fora da rede é uma instalação que não está ligada à rede eléctrica. A energia produzida é armazenada (em baterias) e pode depois ser utilizada para alimentar qualquer tipo de aparelho elétrico de 12V, 24V ou 220V.

Figura 4.28: Uma instalação fotovoltaica num local isolado

Os painéis fotovoltaicos geram eletricidade

Os módulos fotovoltaicos convertem a energia solar (luz) em energia eléctrica **de corrente contínua.**

Cada módulo solar tem uma tensão nominal de 12 ou 24 volts, e são ligados em paralelo ou em série para obter a tensão e a corrente necessárias. A corrente é então emitida a **12, 24 ou 48 volts.**

A grande vantagem deste tipo de produção de energia é que a luz é transformada em eletricidade sem ruído ou poluição.

O regulador solar regula automaticamente a carga da bateria

O regulador solar **regula a carga do conjunto de baterias para evitar sobrecarregar ou descarregar** as baterias **demasiado profundamente:** - limita, ou mesmo pára, o carregamento da bateria solar pelo módulo fotovoltaico quando a bateria está   totalmente carregada   ;
- retarda a descarga reduzindo a carga, ou mesmo parando-a completamente, para evitar descargas profundas que podem danificar as baterias.

O regulador solar indica continuamente o estado de funcionamento do painel fotovoltaico e o estado de carga da bateria solar. Esta informação é apresentada através de LEDs ou através de um ecrã digital integrado ou remoto.

Armazenamento de eletricidade em baterias solares

As baterias solares, também conhecidas como baterias de descarga lenta, armazenam a energia produzida pelos módulos fotovoltaicos para que os consumidores possam ser abastecidos em todas as circunstâncias (dia ou noite, céu limpo ou nublado).

Estas baterias são especificamente concebidas para aplicações de energia solar ou eólica. Não têm as mesmas características de uma bateria de automóvel, por cxcmplo.

A capacidade de uma bateria é expressa em Ah (Ampere/hora) e a sua tensão é de 12 Volts (mais frequentemente), 6V ou por vezes 2V (para as maiores instalações fotovoltaicas).

O conversor ou inversor de tensão

Um conversor, ou inversor, transforma a corrente contínua das baterias (12V ou 24V ou 48V) em corrente alternada de 230 Volts.

Basta ligar os terminais do transformador aos terminais da bateria, rcspcitando a polaridade dos dois, ou seja, + para +, - para -. Em seguida, basta ligar os aparelhos eléctricos que se pretende alimentar à(s) tomada(s) de 220/230 V do transformador (nota: a soma das potências dos aparelhos ligados ao transformador deve ser inferior à potência indicada para o transformador). Muitas vezes, é aconselhável utilizar este transformador para alimentar um pequeno quadro elétrico protegido por fusíveis (e/ou disjuntores) a partir do qual várias linhas eléctricas alimentarão os consumidores.

Existem dois tipos de inversor: quase-senoidal e sinusoidal puro. O sinal elétrico emitido por um inversor quase sinusoidal é menos regular do que o de um inversor sinusoidal puro. Isto significa que **a utilização de um inversor quase-senoidal é recomendada com aparelhos eléctricos que não são indutivos nem electrónicos**: lâmpadas incandescentes, ferros de engomar, máquinas de café, placas de aquecimento, fornos, convectores, frigorífico, rádio, TV

TV, etc.

Para outros equipamentos (ecrãs de plasma ou LCD, computadores, equipamentos de medição, etc.), recomendamos vivamente a utilização de conversores sinusoidais puros

A **distância entre os cabos do Regulador - Bateria e Bateria - Inversor** deve ser **mantida no mínimo** (menos de 6m) para evitar perdas de eletricidade. A grande maioria dos fabricantes oferece equipamento com uma precisão de 1 a 2 m.

CAPÍTULO 5

Outras fontes de energia renováveis

Alimentadas pelo sol, pelo vento, pelo calor da terra, pelas quedas de água, pelas algas ou pelo crescimento das plantas, as energias renováveis geram poucos ou nenhuns resíduos ou emissões poluentes. Contribuem para combater o efeito de estufa e as emissões de CO_2 para a atmosfera, facilitam a gestão racional dos recursos locais e criam emprego.

Visão geral do capítulo : Outras fontes de energia renováveis

5.1 Famílias com energias renováveis

5.1.1 Energia solar

5.1.2 Energia eólica

5.1.3 Energia hidroelétrica

5.1.4 Biomassa5.1.5 Energia geotérmica

5.2 Os diferentes tipos de energias renováveis no mundo

5.3 Rentabilidade

5.1 Fontes de energia renováveis [8]

A energia solar (solar fotovoltaica, solar térmica), a hidroeletricidade, a energia eólica, a biomassa e a energia geotérmica são fontes de energia inesgotáveis, em comparação com a "energia de reserva" derivada de depósitos de combustíveis fósseis que escasseiam: petróleo, carvão, lenhite e gás natural. Entrar no mundo das energias renováveis: Que fontes de energia? Para que necessidades? Como podem ser aproveitadas e transformadas? De que forma podem ser utilizadas?

- Energia solar

> Energia solar fotovoltaica

> Energia solar térmica a baixa temperatura

> Energia solar térmica a alta temperatura

- Energia eólica

- Energia hidroelétrica - Hidroeletricidade

> Hidráulica de grande escala

> Energia hidroelétrica de pequena escala

> Energias marinhas

- Biomassa

> Energia da madeira

> Biogás

> **Biocombustíveis**
- **Energia geotérmica**
- **Arquitetura bioclimática**

5.1.1 Energia solar

> Energia solar térmica a baixa temperatura

Os raios solares, captados por colectores térmicos de vidro, transmitem a sua energia a absorvedores metálicos - que aquecem uma rede de tubos de cobre através da qual circula um fluido de transferência de calor. Este permutador de calor, por sua vez, aquece a água armazenada num depósito de água quente. Um aquecedor solar de água produz água quente doméstica ou aquecimento, geralmente distribuído por um "piso solar direto".

Todos os dispositivos que funcionam como colectores solares térmicos estão cada vez mais integrados em projectos de arquitetura bioclimática (casas solares, estufas, paredes de colectores, paredes de Trombe, etc.).

> Energia solar térmica a alta temperatura

Ao concentrar a radiação solar numa superfície de coletor, podem ser obtidas temperaturas muito elevadas, geralmente entre 400 C e 1.000 C.

O calor solar produz vapor, que alimenta uma turbina, que por sua vez alimenta um gerador que produz eletricidade - heliotermodinâmica.

Nas centrais de energia solar concentrada são utilizadas três tecnologias distintas:

- Nos concentradores parabólicos, os raios solares convergem para um único ponto, o foco de uma parábola.
- Nas centrais eléctricas em torre, centenas ou mesmo milhares de espelhos (helióstatos) seguem a trajetória do sol e concentram os seus raios num recetor central no topo de uma torre.
- Terceira tecnologia: os colectores de calha parabólica concentram os raios solares num tubo de transferência de calor situado no foco do coletor solar.

Após vários anos de dormência, a indústria solar de alta temperatura está a regressar em força, sobretudo nos países da cintura solar.

Figura 5.1: Energia solar térmica

5.1.2 Energia eólica

A energia eólica é a energia do vento, cuja força motriz (energia cinética) é utilizada para impulsionar barcos à vela e outros veículos, ou transformada por meio de um aerogerador, como uma turbina eólica ou um moinho de vento, em energia que pode ser utilizada de várias formas. A energia eólica é uma energiaenergia renovável.

A energia eólica é uma fonte de energia intermitente fonte de energia intermittenteintermitente Não é produzida a pedido, mas de acordo com as condições meteorológicas; por conseguinte, requer instalações de armazenamento ou produção de substituição durante os seus períodos de indisponibilidade. A produção de energia eólica pode ser prevista com um grau de exatidão razoável. A sua quota-parte na produção mundial de eletricidade foi de 4,8% em 2018 e estima-se que seja de 5,3% em 2019. Os principais países produtores são a China (28,4% do total mundial em 2019), os Estados Unidos (21,2%) e a Alemanha (8,8%).

5.1.3 Energia hidroelétrica

Tal como os moinhos de água de antigamente, a hidroeletricidade, ou seja, a produção de eletricidade através do aproveitamento da água, surgiu em meados do século XIX. A água faz girar uma turbina que acciona um gerador elétrico que injecta quilowatts-hora na rede.

A energia hidroelétrica é responsável por 19% da produção total de eletricidade a nível mundial. É a fonte de energia renovável mais utilizada. No entanto, nem todo o potencial hidroelétrico do mundo foi ainda explorado.

> Hidráulica de grande escala

É a energia produzida pelas barragens. Esta energia é constituída por dois tipos: a energia hidroelétrica em grande escala e a energia hidroelétrica em pequena escala. A diferença entre estas duas designações está, por um lado, relacionada com a potência eléctrica e, por outro lado, depende do limiar fixado pela Comissão Europeia. A hidroeletricidade, ou seja, a produção de eletricidade através do aproveitamento da água, surgiu pela primeira vez em meados do século XIX.

A água faz girar uma turbina que acciona um gerador elétrico que injecta os quilowatts-hora na rede.

A energia hidráulica é utilizada há séculos para produzir energia mecânica. A hidroeletricidade começou a desenvolver-se na década de 1880 (invenção da turbina em França em 1827).

No final do século XIX, as turbinas eléctricas tinham substituído quase completamente a produção mecânica de energia na Europa. O desenvolvimento das redes e a procura de economias de escala conduziram ao desenvolvimento da energia hidroelétrica em grande escala nos anos 30, em detrimento das instalações de pequena dimensão.

Figura 5.2: Grandes centrais hidroeléctricas

> Energia hidroelétrica de pequena escala

Se todas as pequenas centrais eléctricas forem agrupadas sob a designação de pequena central hidroelétrica (PCH), é feita uma distinção entre a pico central: menos de 20 kW, a micro central: de 20 kW a 500 kW, a mini- central: de 500 kW a 2 MW, e a pequena central: de 2 a 10 MW.

Construída a fio de água, a pequena central hidroelétrica não exige represamentos ou esvaziamentos pontuais susceptíveis de perturbar a hidrologia, a biologia ou a qualidade da água.

As micro-centrais hidroeléctricas funcionam da mesma forma que as grandes barragens que aproveitam a energia dos rios. O potencial de criação de PCHs em França é estimado em pelo menos 1.000 MW.

Enquanto fonte de energia descentralizada, a energia hidroelétrica de pequena escala mantém ou cria atividade económica nas zonas rurais.

Figura 5.3: Energia hidroelétrica de pequena escala

> Energias marinhas

O sector das energias marinhas, também conhecido como energia dos oceanos ou energia das talassas, consiste no desenvolvimento de tecnologias e no aproveitamento dos fluxos naturais de energia fornecidos pelos mares e oceanos. Trata-se, nomeadamente, da energia das ondas, da energia das correntes, da energia das marés e da energia térmica dos oceanos (OTE), que funciona com base no gradiente térmico entre as camadas de água à superfície e em profundidade.

A hidroeletricidade marinha utiliza técnicas bem conhecidas, como a central maremotriz de La Rance (barragem maremotriz), ou em fase de experimentação: geradores de ondas (sistemas de coluna de água oscilante, sistemas de marés), turbinas maremotrizes (hélices submarinas ou turbinas eólicas submarinas), asas planas ou oscilantes, rodas de pás flutuantes, etc.

Figura 5.4: Energia marinha

5.1.4 Biomassa

É constituída por três famílias principais:
- Energia da madeira ou biomassa sólida
- Biogás
- Biocombustíveis

Trata-se de todos os materiais de origem biológica utilizados como combustíveis para a produção de calor, eletricidade ou combustíveis.

- **Energia da madeira ou biomassa sólida**

A madeira é uma fonte de energia renovável. É o principal recurso lenhoso, mas também devem ser tidos em conta outros materiais orgânicos como a palha, os resíduos sólidos de culturas, os cachos de milho, o bagaço de cana-de-açúcar e o bagaço de azeitona.

Em França, tal como na maioria dos outros países europeus, o abate de árvores continua a ser inferior ao crescimento natural da floresta, pelo que o balanço do carbono é positivo.

Atualmente, existem aparelhos inovadores e eficientes a lenha à disposição dos particulares, das autarquias locais e da indústria. As caldeiras de biomassa queimam diferentes tipos de biocombustível: pellets de madeira, toros, aparas florestais, serradura ou aparas.

Figura 5.5: Biomassa sólida

- Biogás

O biogás é libertado quando a matéria orgânica se decompõe através de um processo de fermentação (metanização). É também conhecido como "gás natural renovável" ou "gás dos pântanos", por oposição ao gás de origem fóssil.

O biogás é uma mistura de metano e de dióxido de carbono, bem como de alguns outros componentes, e é um gás combustível.

É utilizada para produzir calor, eletricidade ou biocombustível.

O biogás pode ser recolhido diretamente dos aterros sanitários ou produzido em unidades de metanização.

Os subprodutos da indústria agroalimentar, as lamas das estações de tratamento de águas residuais, o chorume, os resíduos animais ou agrícolas podem ser metanizados em unidades industriais.

Figura 5.6: Biogás

- Biocombustíveis

Os biocombustíveis, por vezes designados por agrocombustíveis, são derivados da biomassa. Existem dois sectores industriais principais: o etanol e o biodiesel. Podem ser utilizados puros, como no Brasil (etanol) ou na Alemanha (biodiesel), ou como aditivos aos combustíveis convencionais.

Em França, 70% do etanol é produzido a partir de beterraba sacarina e 30% a partir de cereais. O biodiesel é produzido a partir de sementes oleaginosas (colza, girassol).

A energia geotérmica é a exploração do calor armazenado no subsolo. Há duas utilizações principais para os recursos geotérmicos: produção de eletricidade e produção de calor. Consoante o recurso, a técnica utilizada e as necessidades, existem muitas aplicações diferentes.

Figura 5.7: Biocombustível

5.1.5 Energia geotérmica

O critério orientador para a definição do sector é a temperatura. A energia geotérmica é classificada em "alta energia" (mais de 150°C), "média energia" (90 a 150°C), "baixa energia" (30 a 90°C) e "muito baixa energia" (menos de 30°C).

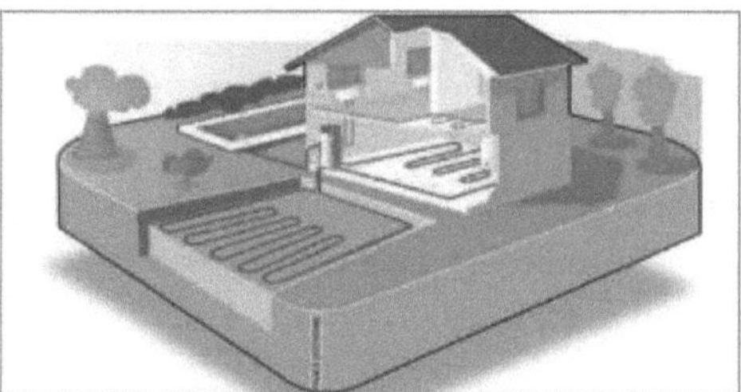

Figura 5.8: Energia geotérmica

Arquitetura bioclimática

Arquitetura passiva, casas solares, edifícios de energia positiva, elevada qualidade ambiental, elevado desempenho energético... são apenas alguns dos nomes utilizados para descrever a arquitetura bioclimática.

Este método de conceção arquitetónica consiste em encontrar o melhor equilíbrio entre o edifício, o clima circundante e o conforto dos ocupantes.

A arquitetura bioclimática tira o máximo partido dos raios solares e da circulação natural do ar para reduzir as necessidades energéticas, manter temperaturas agradáveis, controlar a humidade e favorecer a iluminação natural.

Figura 5.9: Arquitetura bioclimática

5.2 Os diferentes tipos de energias renováveis no mundo

Os recursos renováveis são variados e inesgotáveis. A sua transformação em energia térmica, química ou eléctrica apresenta poucos riscos para o homem e para o ambiente. Além disso, a produção pode ser centralizada ou descentralizada. Por outro lado, caracteriza-se por uma eficiência relativamente baixa, um custo elevado e a intermitência dos recursos. Os sistemas que utilizam a energia solar, eólica e hidráulica, bem como a biomassa, estão a funcionar em muitas partes do mundo. Estão a tornar-se cada vez mais eficientes e rentáveis.

No entanto, a utilização de recursos renováveis, com exceção das grandes centrais hidroeléctricas, está geralmente limitada a locais isolados onde o custo dos sistemas renováveis se torna competitivo em relação a outros meios de produção de eletricidade devido ao custo muito elevado do transporte de eletricidade. [1]

5.3 Rendibilidade [16]

A energia solar e eólica fornecerá mais de um terço da energia mundial até 2040.

Mas, atualmente, há esperança na transição para as energias limpas. De acordo com um relatório da Bloomberg (a maior agência de notícias financeiras do mundo), a energia solar e eólica fornecerá mais de um terço da energia mundial até 2040. O relatório vai mais longe e prevê que **a energia limpa será em breve mais rentável do que o carvão ou o petróleo.**

Com efeito, as descidas espectaculares dos custos de produção da energia solar sugerem que, dentro de cinco anos, as energias alternativas serão mais baratas do que o carvão em muitos países, incluindo a China, o Reino Unido e a Índia. **A França deverá também seguir, em certa medida, esta tendência favorável.**

Os dados da Bloomberg acrescentam que o custo da eletricidade produzida por painéis fotovoltaicos baixou quase 75% desde 2009 e deverá baixar 66% até 2040. O custo da produção de energia eólica em terra diminuiu 30% desde 2009, e esta tendência deverá manter-se até 2040. O relatório da Comissão de Regulação da Energia (CRE) sobre a rendibilidade das energias renováveis permite ter uma ideia muito melhor da situação. Este relatório revela uma clara recuperação da rendibilidade das novas energias. Tudo isto leva a crer que **a transição energética estará em breve a navegar nas ondas da rentabilidade**. O investimento nas energias renováveis é atualmente uma alternativa viável de poupança. Os peritos da Irena estimam que cada vez que **as energias renováveis** duplicam no mundo, os custos diminuem 14% para a energia eólica offshore, 21% para a energia eólica onshore, 30% para a energia solar concentrada e 35% para a energia fotovoltaica.

BIBLIOGRAFIA

[1] : Etude D'un Systeme Autonome De Production D'energie Couplant Un Champ Photovoltaique, Un Electrolyseur Et Une Pile A Combustible : Rëalisation D'un Banc D'essai Et Modëlisation, tese, Docteur de l'Ecole des Mines de Paris, Dez.2003.

[2]

sistema de energia

[3] ftp://ftp.fsr. ac.ma/cours/physique/bargach/chap12.pdf

[4] https://fr.wikipedia.org/wiki/%C3%89nergie renováveis

[5] : https://fr.wikipedia.org/wiki/Combustible nucl%C3%A9aire

[6] : https://fr.wikipedia.org/wiki/%C3%89nergie%C3%A9olienne

[7] : https://eolienne.f4jr.org/parc vento

[8] : Cours decouverte systemes energetiques autonomes , M2 ESE (versão power point), Mme MAZOUZ-LEKHAL.N, Dez. 2017.

[9] : https://www.quelleenergie.fr/economies-energie/eolienne-domestique/

[10] N. KHORCHEF: "Etude du convertisseur Superboost applique aux systemes photovoltaique", Faculte Genie Electrique, Universite des Sciences et de la Technologie d'Oran Mohamed Boudiaf USTOMB, These de Magistere 2009.

[11] N. MAZOUZ: "developpement d'un convertisseur DC/DC pour l'optimisation du rendement d'un systeme photovoltaique", Faculte Genie Electrique, Universite des Sciences et de la Technologie d'Oran Mohamed Boudiaf USTOMB, These de Doctorat ES-Science 2014.

[12] N. MAZOUZ: "Controlo de fluxo de um gerador fotovoltaico (GPV) que alimenta um sistema de motor de pompa", Faculdade de Engenharia Eletrotécnica, Universidade de Ciências e Tecnologia de Oran Mohamed Boudiaf USTOMB, Tese de Mestrado 2005.

[13] www.hespul.org. Relatório redigido por Violaine Didiers sob a direção de Bruno Gaiddon.

[14] BENATIALLAH.D : "Determination du gisement solaire par imagerie satellitaire avec intégration dans un systeme d'information geographique pour le sud d'Algerie" faculte des sciences et de la technologie, universite africaine Ahmed draia Adrar, These de Doctorat ES-Science 2019.

[15]: https://www.ecolodis-solaire.com/conseils/presentation-generale-d-une-installation-photovoltaics-for-isolated-site-presentation-of-a-typical-photovoltaic-installation-29

[16]: https://blog.tudigo.co/investir-dans-les-energies-renouvelables-un-pari-rentable/

Printed by Books on Demand GmbH, Norderstedt / Germany